머리말

수치해석 강의를 통한 필자의 경험으로 미루어 볼 때, 대부분의 학생들은 수치해석을 매우 어려운 과목으로 단정하는 경향이 있다. 그것은 대학 이전의 교육과정에서 주입식 교육에만 치중하고 스스로 논리적으로 사고할 수 있는 능력을 갖도록 교육받지 않은 탓으로 여겨진다. 향후에는 고도의 창의력이 요구되는 시대가 도래할 것이므로 학생들에게는 실현성이 높은 창의력 계발이 요구되고 있다. 이를 위해서는 논리적 추론 능력이 뒷받침되어야 할 것이다.

수치해석은 논리적 사고 능력을 기르는데 아주 훌륭한 교과목이다. 본서는 수치해석에 대한 기존의 부정적인 선입견을 배제시키고 흥미를 유발할 수 있도록 집필되었다. 가급적 기본 원리를 이해하기 쉽도록 설명하였으며 정해진 논리적 순서에 따라 프로그램을 작성할 수 있도록 설명하였다.

수치해석은 학문 보다는 테크닉에 더 가깝기 때문에 여러 수치해석 방법들을 이해하고 자신의 능력으로 직접 프로그램을 작성하여 그 실행결과를 확인해보는 과정이 반드시 필요하다. 따라서 프로그램 작성 참고용으로 여러 수치해석 방법에 대하여 예제 프로그램을 수록하였다.

본서를 통하여 수치해석이 쉽고 재미있는 과목으로 인식되기를 바라고 학생들의 논리적 추론 능력이 향상될 수 있기를 바란다. 아울러 본서가 출판될 수 있도록 배려해 주신 홍릉과학출판사 임직원 여러분께 깊은 감사를 드린다.

2005. 5. 16

공학박사 구영필

목 차

1 장

개 요

1.1 수치해석이란?

1.2 수치해석의 필요성

1.3 오차

1.4 프로그래밍 착안점

1.5 Matlab 소개

1.1 수치해석이란?

공학적 문제나 자연계의 현상을 연구하기 위하여 고전적으로 실험적 방법과 이론적 방법이 많이 이용되어져 왔다.

실험적 방법은 자연 현상을 관찰·측정하여 데이터를 수집하거나, 실험 장비를 이용하여 여러 가지 실험 인자를 변화시켜 실험하여 그 결과 데이터를 얻어서 현상과 원인의 관계를 규명하는 방법이다. 이 방법은 신뢰성이 높다는 장점이 있지만 실험 비용이 고가이며, 측정이 매우 어려울 경우도 있으며, 실험 대상을 축소하여 실험 장비를 제작하여 실험하였을 때 크기에 따른 오차가 발생하는 단점이 있다.

이론적 방법은 주어진 문제에 대하여 가설을 세우고 그것이 모든 경우에 적합하다는 증명을 통하여 확정적인 관계식을 이끌어내는 방법이다. 이 방법은 공식(公式, formula)의 형태로 완벽하고 일반적인 정보를 알려 주지만 간단한 현상에만 적용될 수 있으며 일반적으로 선형문제에 국한된다.

위에서 설명한 2 가지 방법 이외에 제3의 방법으로서 수치해석적 방법이 있다. 수치해석이란 공학적 문제의 근사해를 구하기 위하여 주어진 문제에 수치를 대입하여 정확해에 보다 가까운 답을 찾아가는 일련의 체계적인 테크닉이다. 예를 들면 2차 방정식의 해를 구하고자할 때 기존의 이론적 방법으로서 인수 분해나 근의 공식을 이용할 수 있다. 그러나 주어진 방정식에 해일 것으로 추정되는 수치를 순차적으로 대입하여 가장 작은 오차를 나타내는 수치를 해라고 판단하는 방법도 사용될 수 있다. 이것이 바로 수치해석적 방법이다. 이 방법은 복잡한 물리 현상을 취급할 수 있으며 선형성의 제약을 받지 않는다는 장점이 있다. 또한 실험 인자에 해당하는 입력치를 간단하게 변경하여 수치해석을 수행함으로써 인자의 변화에 의한 결과의 변화 경향을 실험적 방법에 비하여 보다 용이하게 파악할 수 있다. 그러나 반복 계산에 따른 오차의 영향 문제, 초기치나 경계치가 알려진 현상만 취급할 수 있다는 단점도 있다.

[표 1.1]에서 해라고 생각되는 수치를 대입하는 과정은 추측이나

요행에 의해서 이루어지는 것은 아니다. 수치해석이 일반적인 경우에 널리 이용되기 위해서는 합리적이고 체계적인 방법이 필요하다. 그러므로 본서의 2장부터 수치해석의 여러 가지 방법을 소개하고 초기치를 선정하는 방법과 후속의 근사치를 합리적으로 추정하는 방법 등을 설명할 것이다.

1) 이론적 방법

인수분해:

$$f(x) = (2x+1)(x-5) = 0$$

$$x = -\frac{1}{2},\ +5$$

근의 공식:

$$x = \frac{-(-9) \pm \sqrt{(-9)^2 - 4\times 2\times(-5)}}{2\times 2}$$

2) 수치해석적 방법

$f(-1) = 2(-1)^2 - 9(-1) - 5 = 6 > 0$ 오차 $= 0 - 6 = -6$

$f(1) = 2(1)^2 - 9(1) - 5 = -12 < 0$ 오차 $= 0 - (-12) = 12$

$f(0) = 2(0)^2 - 9(0) - 5 = -5 < 0$ 오차 $= 0 - (-5) = 5$

$f(-\frac{1}{2}) = 2(-\frac{1}{2})^2 - 9(-\frac{1}{2}) - 5 = 0$ 오차 $= 0 - 0 = 0$

$\therefore\ x = -\frac{1}{2}$

표 1.1 $f(x) = 2x^2 - 9x - 5 = 0$ 의 해를 구하는 방법

1.2 수치해석의 필요성

공학자가 갖추어야 할 기본 소양으로서 가장 중요한 것은 설계능력이며 공학의 목표는 경제성을 달성할 수 있는 설계이다. 항공기나 선박 등은 설계 단계에서도 많은 시간과 비용이 소요된다. 수치해석적 방법은 설계의 비용과 시간을 줄이고 경제성을 고려한 최적설계에 이용된다. 1970년대의 항공기 설계에 필요한 데이터는 전

적으로 실험에 의하여 얻어졌으나 1980년대에는 시간 비율로 전체 설계 중 약 25%만이 실험이며 75%는 수치해석에 의하여 얻어졌다. 최근의 설계는 대부분 수치해석에 의존하고 있으며 수치해석 프로그램의 검증을 위한 실험만 수행되고 있는 실정이다. 요즈음 ANSYS, NASTRAN, FLUENT, ABACOUS 등 다양한 분야의 상용 수치해석 코드들이 제품의 연구 개발 단계에 사용되고 있다. 이러한 상용 수치해석 코드를 활용하기 위한 기초 단계로서, 공학자들은 우선 기본적인 수치해석 기법을 이해하고 간단한 문제에 대해서 스스로 프로그램을 작성할 수 있는 능력을 갖추어야 할 것이다.

1.3 오차

1) 오차의 종류

오차(true error)의 개념은 참값(true value)과 근사값(approximation)의 차이 또는 참값(true value)과 측정치(measured value)의 차이로서 식 (1.1)과 같이 표현된다.

$$\text{오차} = \text{참값} - \text{근사값} \tag{1.1}$$

오차의 절대치를 절대오차(true absolute error)라고 하며 식 (1.2)와 같이 나타낸다.

$$\text{절대오차} = |\text{참값} - \text{근사값}| \tag{1.2}$$

상대오차(true relative error)는 식 (1.3)과 같이 참값에 대한 오차 비율의 절대치이다.

$$\text{상대오차} = \left| \frac{\text{참값} - \text{근사값}}{\text{참값}} \right| \tag{1.3}$$

수치해석은 정확해를 모르기 때문에 정확해에 매우 근접한 근사해를 찾아가는 과정이다. 그러면 현재 진행되고 있는 계산이 제대로 정확해를 향하여 나아가고 있는지, 아니면 정확해에서 멀어지고 있는지, 그것에 대한 판단이 필요하게 된다. 그 판단 기준으로서 근사값에 대한 상대오차라는 개념이 필요하다. 식 (1.4)는 수치해석에서 이용되는 근사값에 대한 상대오차의 표현식이다.

$$\text{근사값의 상대오차} = \left| \frac{\text{현재 단계의 근사값} - \text{이전 단계의 근사값}}{\text{현재 단계의 근사값}} \right| \tag{1.4}$$

수치해석에서는 매 계산단계마다 근사값의 상대오차를 계산하고 이것이 어떤 일정 한계 이내이면 계산을 종료한다. 여기서 일정 한계라는 것은 수치해석의 결과가 충분히 정밀하다고 판정되는 상대오차의 최대치로서 오차한계라고 칭한다.

참값에 대한 오차와 근사값의 상대오차에 대한 관계를 알아보기 위하여 [표 1.2]를 참조하자.

이것은 $e^x = 1 + x + \frac{x^2}{2!} + \frac{x^3}{3!} + \frac{x^4}{4!} + \frac{x^5}{5!} + \cdot\cdot\cdot$ 로 정의되고 $x = 0.5$에 대한 참값 $e^{0.5} = 1.648721271$일 때 항의 수를 단계적으로 많이 포함시키는 경우의 오차, 즉 절단오차에 대한 경향을 나타낸 것이다. 예를 들면 S_2 항에 대한 각 오차는 다음과 같이 구해진다.

$$\text{상대오차}(\%) = \left| \frac{\text{참값} - S_2}{\text{참값}} \right| \times 100 = \left| \frac{1.648721271 - 1.5}{1.648721271} \right| \times 100 = 9.02\%$$

$$\text{근사값의 상대오차}(\%) = \left| \frac{S_2 - S_1}{S_2} \right| \times 100 = \left| \frac{1.5 - 1}{1.5} \right| \times 100 = 33.3\%$$

[표 1.2]에서 알 수 있는 바와 같이, 반복 계산이 증가함에 따라 근사값의 상대오차가 감소하면, 참값에 대한 상대오차도 감소함을 알 수 있다. 즉, 수치해석에서는 참값을 모르는 상태에서 근사값의 상대오차를 사용하여 계산을 수행하지만, 근사값의 상대오차가 오차한계 이내에 도달하면 계산 결과는 충분히 정밀하다고 판단할 수 있다는 것이다.

항	표현식	근사값	상대오차(%)	근사값의 상대오차(%)
S_1	$=1$	1	39.3	-
S_2	$=S_1+x$	1.5	9.02	33.3
S_3	$=S_2+\frac{x^2}{2!}$	1.625	1.44	7.69
S_4	$=S_3+\frac{x^3}{3!}$	1.645833333	0.175	1.27
S_5	$=S_4+\frac{x^4}{4!}$	1.648437500	0.0172	0.158
S_6	$=S_5+\frac{x^5}{5!}$	1.648697917	0.00142	0.0158

표 1.2
상대오차와 근사값의 상대오차의 관계

2) 오차의 발생원인

수치해석에서 오차가 발생하는 원인은 크게, 절단(truncation)과 반올림(round-off)이다.

① 절단(**truncation**): 무한급수의 계산을 유한한 항까지만 취할 때 두 값의 차이에 의하여 발생하는 오차이다.

$$\sin(x)=x-\frac{x^3}{3!}+\frac{x^5}{5!}-\frac{x^7}{7!}+\frac{x^9}{9!}-\cdots$$

$\sin(x)$의 근사값으로서 $\left[x-\frac{x^3}{3!}+\frac{x^5}{5!}\right]$을 취할 때

절단에 의한 오차 = $\left[-\frac{x^7}{7!}+\frac{x^9}{9!}-\cdots\right]$

표 1.3
절단에 의한 오차

② 반올림(**round-off**): 컴퓨터가 취급할 수 있는 제한된 유효 수자의 자리 수에 의하여 오차가 발생한다. 즉, 컴퓨터의 성능에 의한 오차이다.

$\pi=3.141592653\cdots$를 컴퓨터가 3.1416으로 취할 때

반올림에 의한 오차 = $3.141592653\cdots -3.1416 = -0.000007346\cdots$

표 1.4
반올림에 의한 오차

수치해석에서 전체 오차는 두 오차의 합이므로 오차를 줄이기 위해서는 절단과 반올림의 영향을 모두 고려해야 한다. 반복 계산에 의하여 답을 구할 때, 일반적으로 반복 계산의 증분이 작아지면 절단오차(truncation error)는 감소한다. 그러나 증분이 지나치게 작아지면 반올림오차(round-off error)가 증대한다. [그림 1.1]에 증분의 크기에 따른 절단오차와 반올림오차의 관계를 나타내었다. 증분을 미세하게 선정해야 할 경우에는 반올림오차를 줄이기 위하여 컴퓨터가 유효 수자의 자리수를 더 많이 취급하도록 해야 한다.

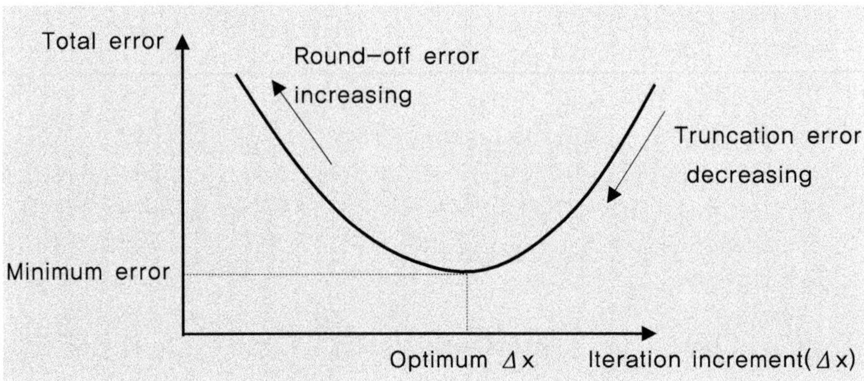

그림 1.1 반복 계산 증분 크기와 전체오차

1.4 프로그래밍 착안점

1) 수치해석의 절차

실제 문제를 컴퓨터가 정밀하게 모사(模寫, simulation)할 수 있는 수치해석 프로그램을 작성하기 위해서는 다음과 같은 절차를 따라서 수행하는 편이 유리하다.

① 먼저, '수치해석은 어렵다' 라는 선입견을 버려라.
② 사용해야 할 수치해석 방법을 충분히 이해하라.
③ 수치해석이 아니라 손으로 계산을 한다고 가정하고 그 절차를 나열해 본다.
④ 정확해가 알려진 문제에 대하여 ③의 절차대로 손으로 계산해보

고 그 결과를 정확해와 비교한다.

⑤ ④의 결과가 서로 일치하면 ③의 절차대로 프로그래밍 한다.

⑥ 정확해가 알려진 문제에 대하여 ⑤의 프로그램을 수행하여 그 결과를 정확해와 비교한다.

⑦ ⑥의 결과가 충분히 정밀하면 해를 구하고자 하는 실제 문제에 수치해석 프로그램을 적용한다.

2) 수치해석과 Matlab

컴퓨터는 게임기가 아니라 계산하는 도구이고, 사람이 이 도구를 잘 사용하기 위해서는 프로그래밍이라는 과정을 거쳐야 한다. 사람이 생각한 논리에 맞게 컴퓨터가 계산을 할 수 있도록 지령을 내리는 과정이 필요하다. 즉, 사람과 컴퓨터 사이에 대화할 수 있는 수단이 필요한 것이다. 이것은 프로그래밍 언어를 통하여 이루어지며 지금까지 과학기술분야에 사용되고 있는 언어로서는 Fortran, C++, Matlab 등이 있다.

Matlab은 지금까지 통용되고 있는 언어 중에서 수치해석 분야에 가장 적합한 프로그래밍 언어라고 생각한다. 그 이유로서는 문법이 간단하다; 정수형, 실수형 변수를 미리 지정할 필요가 없다; 배열의 크기를 미리 지정할 필요가 없다; 행렬계산에서 병렬처리가 가능하다; 계산 결과를 간단한 명령문('plot', 'mesh' 등)을 사용하여 즉시 눈으로 확인할 수 있다; 등을 들 수 있다.

그러므로 본서에서는 여러 가지 수치해석법에 대한 예제를 Matlab 언어로써 소개하고자 한다.

1.5 Matlab 소개

1) Matlab 실행

모니터 바탕화면의 MATLAB 아이콘을 마우스로 더블 클릭하면 Matlab이 구동되어 다음과 같은 Matlab 전체 Window가 열린다. 사용자가 별도로 지정하지 않으면 이 Window는 우측의 'Command

Window', 좌측 하단의 'Command History', 좌측 상단의 'Current Directory' 또는 'Workspace'로 구성된다.

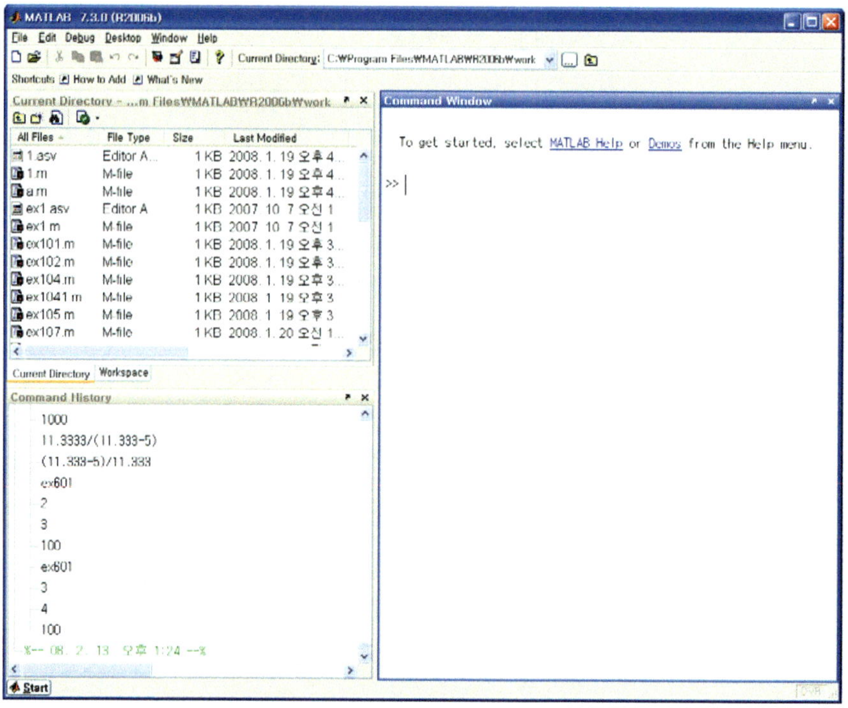

그림 1.2 Matlab 전체 Window

Matlab의 실행을 중단하고자 할 때는 다음과 같은 3가지 방법이 사용된다.

① File 메뉴에서 'Exit Matlab' 선택
② Command Window에 'quit' 입력
③ 전체 Window 우측 상단의 X 클릭

2) 프로그램 작성

① 새로운 M-파일 생성

Matlab에서 사용되는 프로그램은 확장자가 'm'인 파일이다. (이하 'M-파일')

새로운 M-파일을 작성하기 위하여 먼저, 전체 창의 메뉴 바에서 (New M-File)를 클릭하면 다음과 같은 편집창이 나타난다.

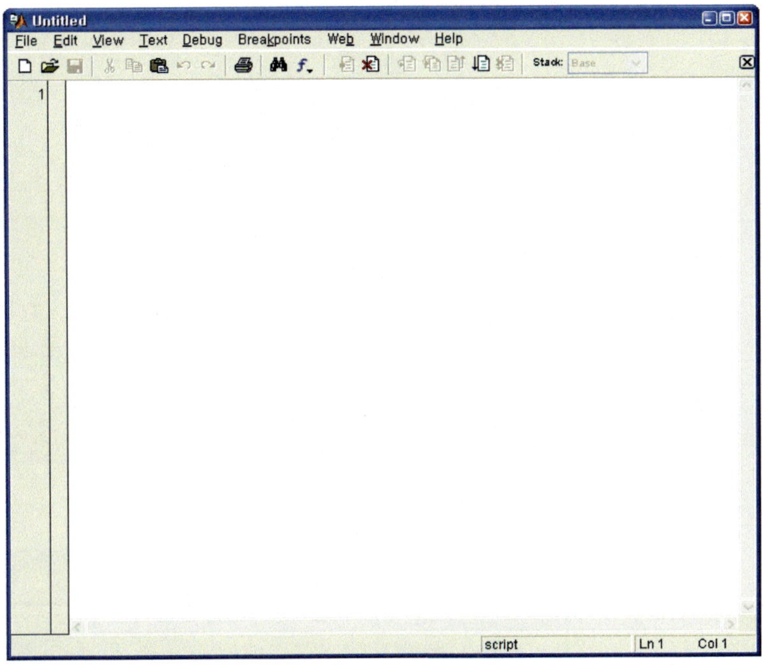

그림 1.3 M-파일 편집창

편집창에 계산과정을 나열하여 M-파일 프로그램을 작성한다. (Save) 버튼을 누르면 파일명 대화창이 나타나며 여기에 희망하는 파일명을 입력하고 저장하면 새로운 M-파일이 생성된다. 이때 생성된 파일의 전체 이름은 '파일명**.m**'으로 된다.

② 기존 M-파일 수정

전체 창의 메뉴 바에서 (Open File)를 클릭하여 편집하고자 하는 M-파일을 선택하거나 Current Directory Browser 내에서 편집하고자 하는 M-파일을 더블 클릭하면 기존의 M-파일이 나타난다.

M-파일 프로그램을 수정한 다음 (Save) 버튼을 눌러서 저장한다. 기존 파일을 보존함과 동시에 수정된 파일을 저장하려면 'File' 메뉴의 'Save As' 기능을 이용하여 수정된 파일의 파일명을 새롭게 부여하여 저장한다.

3) Command Window의 기능

① 변수 입력

Command Window에

>> a=3; Enter↵

>> b=4; Enter↵

와 같이 입력하면 변수 a에 3을, 변수 b에 4를 할당하여 보존한다.

② 함수 입력 및 실행

>> c=sqrt(a^2+b^2) 을 입력하고 Enter↵ key를 누르면;

보존된 현재의 a, b값으로서 c를 계산하여 그 결과를 나타낸다. 여기서 Matlab 명령문에 대응하는 수학식은; $c=\sqrt{a^2+b^2}$ 이다. a=3, b=4이므로 그 결과로 계산된 c의 값 5가 Command Window에 나타난다.

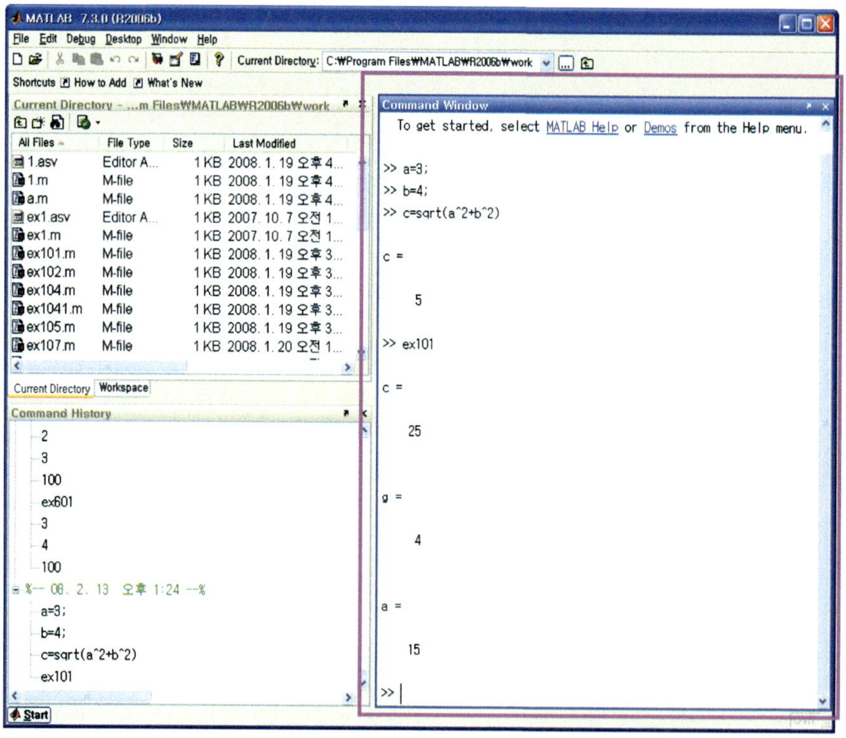

그림 1.4 Command Window

③ M-파일 실행

M-파일을 생성시킨 다음('파일명.m'), Command Window에 '파일명'을 입력하고 [Enter↵] key를 누르면 프로그램 파일이 실행되어 그 결과가 Command Window에 나타난다. 예를 들면, [예제 1.1]과 같이 프로그램을 작성하고 'ex101.m'으로 저장한 다음, Command Window에

>> ex101 [Enter↵] 하면;

ex101.m이 실행되어 그 결과로서 [그림 1.4]와 같이 c=25, g=4; a=15가 Command Window에 나타난다. ex101.m이 실행됨으로써 c, a의 이전의 값들은 소멸되고 c의 새로운 값으로서 25, a의 새로운 값으로서 15가 각각 할당 된다. 즉, 변수들은 가장 최근의 값만을 보존한다.

예제 1.1 샘플 프로그램

```
% === ex101.m: Sample program ===
a=10;
b=15;
c=a+b
g=b-11
a=b
% === end of 101.m ==================
```

④ 도움말 열기

'help' 명령을 사용하여 내장함수, 연산자 등에 관한 도움말을 Command Window에서 열람할 수 있다. 예를 들면 삼각함수 중 'sin' 내장함수에 관한 도움말을 열람하기 위하여;

>> help sin [Enter↵] 하면;

다음과 같은 도움말을 보여준다.

```
SIN   Sine of argument in radians.
   SIN(X) is the sine of the elements of X.

   See also asin, sind.

   Overloaded functions or methods (ones with the same
name in other directories)
      help distributed/sin.m
      help sym/sin.m

   Reference page in Help browser
      doc sin
```

⑤ 폴더 및 파일 관리

Command Window에서 디렉토리의 확인 및 변경, 파일 삭제 등을 수행할 수 있다.

- pwd: 현재 디렉토리와 그 경로를 보여 준다.

  \>> pwd [Enter↵]

  C:\Program Files\MATLAB704\work

- ls: 현재 디렉토리 내의 모든 M-파일과 하위폴더를 보여 준다.

  \>> ls [Enter↵]

- cd: 디렉토리(폴더)를 변경한다. cd는 change directory 의 두문자(頭文字)이다.

  \>> cd 폴더명 [Enter↵]: 하위 폴더로 이동

  \>> cd .. [Enter↵]: 상위 폴더로 이동

- delete: 현재 디렉토리 내의 파일을 삭제한다.

  \>> delete 파일명 [Enter↵]

⑥ 긴 명령 라인의 입력

명령 또는 수식을 Command Window또는 편집창의 한 라인에 모두 나타낼 수 없는 경우에는 연속하는 3개의 마침표('...') 로써 두

라인을 연결한다.

```
>> b = 1 - 1/2 + 1/3 - 1/4 + 1/5 - 1/6 + 1/7 - 1/8 + 1/9 - 1/10 + ...
       1/11 - 1/12 +1/13;
```

⑦ 명령 라인의 편집 key

key	합성 key	기능
↑	Ctrl P	Recall previous line
↓	Ctrl N	Recall next line
←	Ctrl B	Move back one character
→	Ctrl F	Move forward one character
Ctrl →	Ctrl R	Move right one word
Ctrl ←	Ctrl L	Move left one word
Home	Ctrl A	Move to beginning of line
End	Ctrl E	Move to end of line
Esc	Ctrl U	Clear line
Delete	Ctrl D	Delete character at cursor
Back Space	Ctrl H	Delete character before cursor
	Ctrl K	Delete to end of line

4) 수(數)의 표현

① 수와 함수

Matlab은 변수에 대하여 미리 그 크기나 종류를 선언할 필요가 없다. 수에는 십진법을 사용하고 음수 앞에 (-)부호를 표시하며 10의 멱승은 e를 사용하여 표현한다. 프로그램에서 별도로 지정하지 않으면 i 또는 j 는 허수단위로 사용된다.

```
3        -5       0.0007       6.0245e17     3.4523e-10
25i      -3.14j
```

Matlab은 거의 모든 수학 함수를 내장하고 있다. 내장 함수의 사용 형식은 다음과 같다.

함수명(변수) 또는 함수명(특정 값)

예를 들면 π/4 radian에 대하여 탄젠트 값을 알고자 한다면

```
>> x=pi/4; tan(x) [Enter↵]
 ans =
      1.0000
```

이것은 우선 변수 x에 π/4를 할당한 다음, x의 탄젠트 값을 계산한 것이다.
한편, 수치 π/4를 직접 괄호 내에 할당하여 계산이 가능하며 이 기능을 이용하면 Matlab을 공학 계산기로 활용할 수 있다.

```
>> tan(pi/4) [Enter↵]
ans =
     1.0000
```

Matlab에서 표준 각도 단위는 radian이다. 삼각함수에서 '°' 단위를 사용하고자 한다면 삼각함수명에 이어서 'd'를 첨가한다. 즉, 탄젠트 45°는;

```
>> tand(45) [Enter↵]
ans =
     1.0000
```

② 내장 상수
다음 기호들은 프로그램 내에서 별도로 지정하지 않으면 주어진 상수 값을 나타낸다.

기호	값	의미
pi	3.141592654...	원주율
i	$\sqrt{-1}$	허수단위
j	$\sqrt{-1}$	허수단위
eps	2^{-52}	컴퓨터가 취급할 수 있는 상대정밀도
realmin	2^{-1022}	컴퓨터가 취급할 수 있는 최소값
realmax	$(2-eps)2^{1023}$	컴퓨터가 취급할 수 있는 최대값
Inf	∞	무한대
NaN	Not-a-Number	수가 아님.

표 1.5
Matlab 내장상수

③ 지수 함수와 로그 함수

[표 1.6]에 지수 함수와 로그 함수의 표시 방법을 나타내었다.

의미	수학식	Matlab 문
지수함수	y=7x	y=7^x
10의 거듭제곱	$x=5\times10^{6}$	x=5e6
	$x=5\times10^{-6}$	x=5e-6
자연로그	y=ln7	y=log(7)
상용로그	y=log7	y=log10(7)

표 1.6
지수 함수와
로그함수

5) 사칙 연산

[예제 1.2]는 변수 a에 20, 변수 b에 5를 할당하여 덧셈, 뺄셈, 곱셈, 나눗셈을 각각 실행하는 간단한 Matlab 프로그램이다.

예제 1.2 사칙연산 프로그램

```
% === ex102.m: Add. Sub. Mul. Div.===
 a=20;
 b=5;
 c=a+b
 d=a-b;
 f=a*b;
 g=a/b
```

```
a=a-b
% === end of ex102.m =================
```

Matlab 프로그램에서 등호 '='는 '같다'는 의미가 아니라 '우변의 값을 좌변의 변수에 할당한다.'는 의미이다. 즉 1행의 'a=20'은 20을 a의 값으로, 3행의 'c=a+b'는 현재의 a값과 b값을 더한 것, 즉 25를 c의 값에 할당한다는 의미이다. 제8행 'a=a-b'를 수행하고 나면 a의 값은 더 이상 20이 아니라 15가 a의 새로운 값으로 할당된다. [표 1.7]에 수학식 기호와 Matlab 기호를 비교하여 나타내었다.

표 1.7 수학식 기호와 Matlab 기호 비교

의미	수학식 기호	Matlab 기호
덧셈	+	+
뺄셈	−	−
곱셈	×	*
나눗셈	÷	/
같음	=	==
다름	≠	~=
이하	≤	<=
미만	<	<
이상	≥	>=
초과	>	>

Matlab에서 연산의 우선 순위는 [표 1.8]과 같다.

표 1.8 연산의 우선 순위

순위	연산	Matlab 기호
첫 번째	괄호	( )
두 번째	멱승	^
세 번째	곱셈 나눗셈	* /
네 번째	덧셈 뺄셈	+ −

[예제 1.2] 프로그램을 파일명 'ex102.m'으로 저장한 다음 'ex102'를 Command Window에 key in하고 Enter↵ key를 누르면 아래와 같이 실행결과가 모니터에 나타난다.

예제 1.2 프로그램 실행결과

```
>> ex102

 c =

   25


 g =

    4


 a =

   15
```

한편, [예제 1.2]에서 행 끝의 세미콜론 ';'은 실행결과를 모니터에 나타내지 않고자 할 때 사용된다. 계산 속도를 향상시키기 위해서는 세미콜론을 사용하는 편이 좋으며 실행 결과를 확인할 필요가 있을 경우에는 세미콜론을 생략한다. [예제 1.2] 프로그램에서 4행, 7행, 8행의 끝에는 세미콜론이 없으므로 위와 같이 실행결과가 모니터에 나타난다.

6) 조건문

① if ~ end loop

'if'문은 'end'문과 짝을 이루어 사용된다. 'if'문과 같은 행에 있는 조건이 참이면 'if'문과 'end'문 사이에 있는 명령을 수행한다.

```
if 조건
  명령
   …
end
```

예제 1.3 if ~ end 프로그램

```
% === ex103.m: if - end ====
 a=3;
 if a>2
   a=a+1
 end
% === end of ex103.m =======
```

예제 1.3 프로그램 실행결과

```
>> ex103


 a =
    4
```

② if ~ elseif ~ else ~ end loop

여러 가지 조건에 따라 각각 다른 명령을 실행하고자할 때 사용된다. 아래 보기에서 조건1이 참이면 명령1이 수행되고, 조건2가 참이면 명령2가, 조건3이 참이면 명령3이 수행되며, 조건1, 2 및 3이 모두 거짓이면 명령4가 수행된다. 명령4가 적용되지 않는 경우에는 'else~' 를 사용하지 않는다.

```
if 조건1
  명령1
   ...
elseif 조건2
  명령2
   ...
elseif 조건3
  명령3
   ...
else
  명령4
   ...
end
```

예제 1.4 if ~ elsief ~ end 프로그램

```
% === ex104.m: if - elseif - end ====
 a=3;
 if a<1
   b=a+1
 elseif a <= 2.
   c=a+2
 elseif a == 3.
   d=a+3
 else
   a=a+100;
 end
% === end of ex104.m ================
```

예제 1.4 프로그램 실행결과

```
>> ex104

 d =
    6
```

③ while ~ end loop

'while'문은 'end'문과 짝을 이루어 사용된다. 'while'문과 같은 행에 있는 조건이 참이면 'while'문과 'end'문 사이에 있는 명령을 반복적으로 수행한다.

```
 while 조건
   명령
   …
 end
```

예제 1.5 while ~ end 프로그램

```
% === ex105.m: while - end ====
 a=1;
 while a<4
   a=a+1
 end
% === end of ex105.m ==========
```

예제 1.5 프로그램 실행결과

```
>> ex105


 a =

     2


 a =

     3


 a =

     4
```

④ for ~ end loop

'for'문은 'end'문과 짝을 이루어 사용된다. 'for'문과 같은 행에 있는 변수의 값을 초기값부터 증분의 크기만큼 누적시키면서 최종값에 도달될 때까지 'for'문과 'end'문 사이의 명령을 반복적으로 수행한다. 증분이 1인 경우에는 '증분:'을 생략해도 무방하다.

```
 for 변수명=초기값:증분:최종값
   명령
   …

 end
```

예제 1.6 for ~ end 프로그램

```
% === ex106.m: for - end ====
 for x=0:0.2:1
    a=2^x
 end
 for k=1:3
    b=3*k
 end
% === end of ex106.m =======
```

예제 1.6 프로그램 실행결과

```
>> ex106


 a =
      1
 a =
    1.1487
 a =
    1.3195
 a =
    1.5157
 a =
    1.7411
 a =
      2
 b =
      3
 b =
      6
 b =
      9
```

⑤ break 문

'break' 문은 if-end, if-elseif-else-end, while-end, for-end loop를 중도에서 벗어 나려고할 때 사용된다.

예제 1.7 break 문 프로그램

```
% === ex107.m: break =======
 for i=0:2:6
   a=i^3
   if a>5
      break
   end
 end
% === end of ex107.m =======
```

예제 1.7 프로그램 실행결과

```
>> ex107
 a =
     0
 a =
     8
```

⑥ continue 문

'continue'문은 'for' 또는 'while' loop내에서 'continue' 이후의 모든 명령들을 무시하고 'for' 또는 'while' loop의 다음 반복 계산 단계로 제어를 넘긴다.

예제 1.8 continue 문 프로그램

```
% === ex108.m: continue =======
 for i=1:5
   if i>2 & i<5
      continue
   end
   a=i/10
 end
% === end of ex108.m =======
```

예제 1.8 프로그램 실행결과

```
>> ex108
 a =
    0.1000
 a =
    0.2000
 a =
    0.5000
```

7) 입·출력문

① input 문

'input'문은 키보드를 통하여 변수의 값을 입력하고자할 때 사용된다. [예제 1.9]에서 'a=input('Lower bound = ');' 명령이 실행되면 모니터에 'Lower bound = '를 출력하고 키보드로부터 값이 입력되기를 기다린다. 어떤 숫자를 입력하고 Enter↵ key를 누르면 입력된 숫자는 변수 'a'에 할당된다.

예제 1.9 input 문 프로그램

```
% === ex109.m: input =======
 a=input('Lower bound = ');
 a
% === end of ex109.m =======
```

예제 1.9 프로그램 실행결과

```
>> ex109

 Lower bound = 7

 a =
     7
```

② fprintf 문

'fprintf'문은 결과를 모니터에 나타내고자 할 때 사용된다. [예제 1.10]의 제3행 'fprintf('\n Root= %.4f , Iterations= %.f \n', b, itn)' 에서 ( )내의 처음 '\n'은 한 줄을 띄우라는 명령이고 'Root= '를 모니터에 출력한 다음, 처음의 '%'자리에 변수 'b'의 값을 소수점 이하 4째 자리까지, 다음에는 'Iterations= '을, 그리고 다음의 '%'자리에 변수 'itn'의 값을 이어서 출력한다.

예제 1.10 fprintf 문 프로그램

```
% === ex110.m: fprintf =====
 pi=3.141592654; itn=25;
 fprintf('₩n Root= %.4f , Iterations= %.f ₩n', pi, itn)
% === end of ex110.m =======
```

예제 1.10 프로그램 실행결과

```
>> ex110

 Root= 3.1416 , Iterations= 25
```

8) 주석문

Matlab 편집문에서 '%' 기호 이하의 명령은 실행되지 않는다. 즉, 주석이 필요한 경우에 '%' 기호를 활용한다. 프로그램 명, 작성날짜, 변수명에 대한 설명, 프로그램의 수행 순서 등을 나타내고자할 때 사용하면 편리하다.

예제 1.11 % 사용 프로그램

```
% === ex111.m: Example of using '%' ===
  a=0;
% a=a+55
  a
% === end of ex111.m =================
```

[예제 1.11]의 제3행의 명령 앞에 '%'가 있으므로 'a=a+55' 명령이 수행되지 않고 제2행에 정의된 0이 a값으로 유지된다.

9) 실행결과의 저장 및 이용

프로그램을 실행한 다음 출력변수의 결과를 저장하는 방법에는 두 가지가 있다. 하나는 Matlab의 출력 저장형식인 확장자가 'mat'인 파일로 저장하는 방법과 또 다른 하나는 다른 소프트웨어와 공용으로 사용할 수 있는 'dat' 파일로 저장하는 방법이다.

① 'mat' 파일로 저장

다음과 같은 형식으로 'save' 문을 사용하면 지정된 변수들과 그 값을 '파일명.mat'파일로 저장할 수 있다.

```
save 파일명  변수명1 변수명2 ...
```

파일명 다음에 변수를 나열하지 않으면 현재 폴더 내에 생성된 모든 변수들을 저장한다.

'mat' 파일에 저장된 변수를 프로그램 중에서 다시 불러내기 위해서는 'load' 문을 사용한다.

```
load 파일명
```

예제 1.12 'mat' 파일 프로그램

```
% === ex112.m: Saving and Loading '*.mat' file ===
 a=3;
 b=a+2;
 save vab a b;
 clear
 load vab
 d=a*b
% === end of ex112.m ==============================
```

예제 1.12 프로그램 실행결과

```
>> ex112

 d =
    15

>> ls
.        ..         ex112.m      vab.mat
```

[예제 1.12]에서 'clear'문은 현재의 모든 변수를 삭제하라는 명령문이다. 즉, 'clear'문이 실행되면 변수 a, b가 모두 삭제되며 다음 행의 'load vab'에서 vab.mat 파일에 저장되어 있는 변수가 다시 로딩된다. 실행결과에서 'ls'문은 현재 작업 폴더 내에 있는 파일명과 폴더명의 리스트를 나타내게 하는 명령문이다. 'ls'문의 실행결과를 보면 vab.mat 파일이 만들어져 있음을 알 수 있다.

② 'dat' 파일로 저장

아래와 같은 형식으로 save 문을 사용하면 지정된 변수명과 그 값을 '파일명.dat'파일로 저장할 수 있다.

```
save 파일명.dat  변수명 /ascii
```

'dat' 파일에 저장된 변수는 메모장 또는 워드패드를 이용하여 그 값을 읽을 수 있으며 Origin, Winsurf 프로그램 등을 이용하여 그래프를 작성하는 데이터로 이용될 수 있다.

예제 1.13 'dat' 파일 프로그램

```
% === ex113.m: Saving '*.dat' file ===
clear
for i=1:11
   X(i,1)=0.1*(i-1);
   Y(i,1)=X(i)^2;
```

```
 end
 Vd=zeros(11,2);
 Vd(:,1)=X;
 Vd(:,2)=Y;
 save xy.dat Vd /ascii
% === end of ex113.m ==================
```

[예제 1.13]에서 'Vd=zeros(11,2);'는 크기가 11×2인 영(0)행렬을 의미하며 'Vd(:,1)=X;'는 열벡터 X를 Vd의 제1열에, 'Vd(:,2)=Y;'는 열벡터 Y를 Vd의 제2열에 각각 할당하라는 명령이다. [예제 1.13]을 실행시킨 다음, 'ls'를 입력하고 Enter↵ key를 누르면 xy.dat 파일이 만들어져 있음을 알 수 있다.

예제 1.13 프로그램 실행결과

```
>> ex113
>> ls

.       ..       ex113.m   xy.dat
```

메모장을 실행시켜 xy.dat 파일을 열어보면 다음과 같다. 여기서 제1열은 열벡터 X, 제2열은 열벡터 Y이다.

```
  0.0000000e+000  0.0000000e+000
  1.0000000e-001  1.0000000e-002
  2.0000000e-001  4.0000000e-002
  3.0000000e-001  9.0000000e-002
  4.0000000e-001  1.6000000e-001
  5.0000000e-001  2.5000000e-001
  6.0000000e-001  3.6000000e-001
  7.0000000e-001  4.9000000e-001
  8.0000000e-001  6.4000000e-001
  9.0000000e-001  8.1000000e-001
  1.0000000e+000  1.0000000e+000
```

③ 'dat' 파일의 'm' 파일 변환

확장자가 'dat'로 저장된 파일을 불러서 Matlab에서 사용할 수 있다. 다음의 수자열이 'pnu.dat'로 저장되어 있을 때

```
16   2   3  13
 5  11  10   8
 9   7   6  12
 4  14  15   1
```

\>> load pnu.dat [Enter↵] 하면

수자열은 변수명이 'pnu'인 배열로 변환된다.

```
>> pnu [Enter↵]
>> pnu =
   16   2   3  13
    5  11  10   8
    9   7   6  12
    4  14  15   1
```

10) 사용자 함수 정의

'function'문을 사용하여 사용자가 원하는 임의의 함수를 미리 지정해 두고 독립변수의 값을 함수에 대입하여 그에 대응하는 종속변수의 값을 얻을 수 있는 방법으로서 그 형식은 다음과 같다.

```
function 종속변수 = 함수 정의 파일명(독립변수)
종속변수 = 독립 변수의 함수
```

정의된 함수를 사용하기 위해서는 주 프로그램 중에 종속변수의 값이 필요한 곳에 다음과 같은 형식을 적용해야 하며 주 프로그램과 함수 정의 프로그램은 동일 폴더에 같이 존재해야 한다. 종속변수가 2개 이상이면 모든 종속변수를 대괄호([ ])내에 입력한다.

```
함수 정의 파일명(독립변수의 값)
```

① 종속변수가 1개인 경우

예제 1.14 'function' 적용 주 프로그램 1

```
% === ex114.m: Example 1 of 'function' ==========
 x = input('독립변수 x = ');
 y = hamsu1(x)
% === end of ex114.m ============================
```

예제 1.14 함수정의 프로그램 1

```
% === hamsu1.m: Definition of function ===========
 function y = hamsu1(x)
 y = -x^2 + 4*x - 3;
% === end of hamsu1.m ============================
```

예제 1.14 프로그램 실행결과

```
>> ex114
독립변수 x = 1

 y =
     0
```

② 종속변수가 2개인 경우

예제 1.15 'function' 적용 주 프로그램 2

```
% === ex115.m: Example 2 of 'function' ==========
 X = 1:5;
 [Y1, Y2] = hamsu2(X)
% === end of ex115.m ============================
```

예제 1.15 함수정의 프로그램 2

```
% === hamsu2.m: Definition of function ==========
 function [Y1, Y2] = hamsu2(X)
 Y1 = -X .* X + 4*X - 3;
 Y2 = sin(X) + X;
% === end of hamsu2.m =====================
```

예제 1.15 프로그램 실행결과

```
>> ex115
 Y1 =
     0     1     0    -3    -8
 Y2 =
    1.8415    2.9093    3.1411    3.2432    4.0411
```

11) 그래프

① 2차원 그래프

- **plot(X,Y)** : X-Y 데이터를 2차원 그래프로 나타낸다. plot(X,Y)에서 X는 독립변수(가로축), Y는 종속변수(세로축)이며 각 변수는 같은 크기의 1차원 배열이다.
- **xlabel, ylabel, title** : x축의 라벨, y축의 라벨, 제목을 각각 표시한다.
- **fontsize** : 라벨 또는 제목의 글자크기를 지정한다.
- **text** : 그래프 내에 주석을 표기한다. 주석 앞에 시작 좌표를 지정할 수 있다.
- **grid on** : 그래프 내에 방안선을 나타낸다.

예제 1.16 2차원 그래프 작도

```
% === ex116.m: Plotting 2-D graph ================
 X=[0:pi/100:2*pi];
 Y=sin(X);
 plot(X,Y)
```

```
 xlabel('x=0:2\pi');
 ylabel('sine of x');
 title('Plot of the Sine Function', 'fontsize', 14)
 text(3.2, 0.1, 'y=sin(x)','fontsize', 13)
 grid on
% === end of ex116.m ============================
```

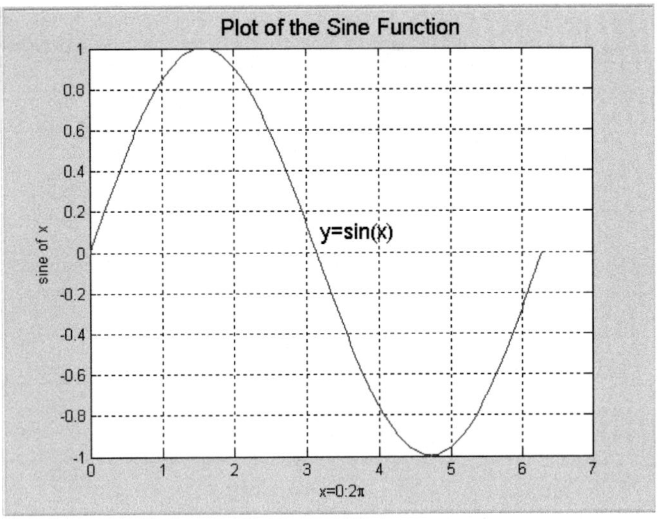

그림 1.5 2차원 그래프

② 3차원 그래프

- **meshgrid** : X-Y평면의 격자점 좌표가 할당된 2차원 배열을 생성한다.

```
>> [X, Y]=meshgrid(-1:0.5:1) Enter↵

X =
   -1.0000   -0.5000         0    0.5000    1.0000
   -1.0000   -0.5000         0    0.5000    1.0000
   -1.0000   -0.5000         0    0.5000    1.0000
   -1.0000   -0.5000         0    0.5000    1.0000
   -1.0000   -0.5000         0    0.5000    1.0000
```

```
Y =
   -1.0000   -1.0000   -1.0000   -1.0000   -1.0000
   -0.5000   -0.5000   -0.5000   -0.5000   -0.5000
         0         0         0         0         0
    0.5000    0.5000    0.5000    0.5000    0.5000
    1.0000    1.0000    1.0000    1.0000    1.0000
```

상기에서 (1,4)요소의 x좌표는 X(1,4)=1.0000, y좌표는 Y(1,4)=-1.0000이다.

- **mesh(X,Y,Z)** : X-Y 평면상의 격자 위에 3차원 데이터 Z를 그물망으로서 표현한다. [예제 1.17]에 반경이 1인 구의 일부분을 작도하는 프로그램을 나타내었다.

예제 1.17 3차원 그래프 작도

```
% === ex117.m: Plotting 3-D graph (mesh) ============
 clear; close all
 [X, Y]=meshgrid(-0.7:0.1:0.7);
 Z = sqrt(1 - X.^2 - Y.^2);
 mesh(X,Y,Z),...
 title('mesh(X,Y,Z)', 'fontsize', 14),...
 xlabel('X'); ylabel('Y'); zlabel('Z'); grid on
% === end of ex117.m ==============================
```

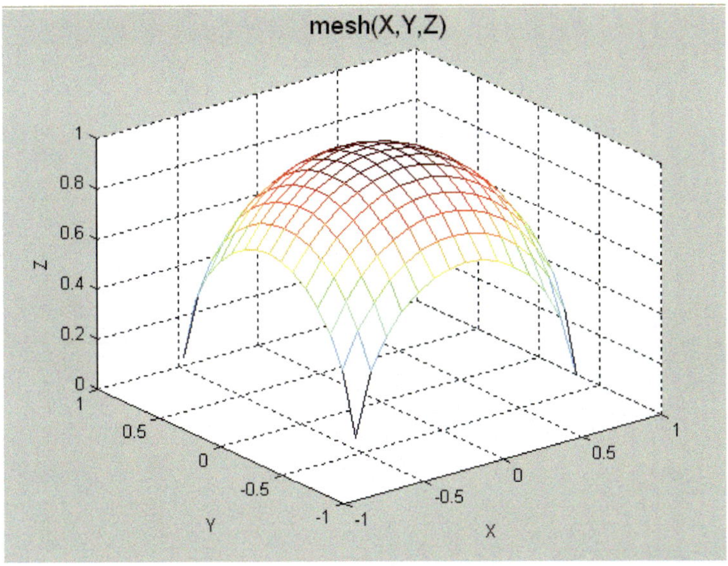

그림 1.6 3차원 그물망

- **contour(X,Y,Z)** : X-Y 평면상에 3차원 데이터 Z의 등고선도를 그린다. Z 다음에 등고선의 개수를 지정할 수 있다.
- **colorbar** : 3차원 데이터의 레벨을 색상으로서 구분할 수 있도록 색상표를 가장자리에 표시한다.

예제 1.18 3차원 그래프(contour) 작도

```
% === ex118.m: Plotting 3-D contour ===============
 clear; close all
 [X, Y]=meshgrid(-0.7:0.1:0.7);
 Z = sqrt(1 - X.^2 - Y.^2);
 contour(X,Y,Z); colorbar
 title('contour(X,Y,Z) with colorbar', 'fontsize', 14),...
 xlabel('X'); ylabel('Y'); zlabel('Z'); grid on
% === end of ex118.m ============================
```

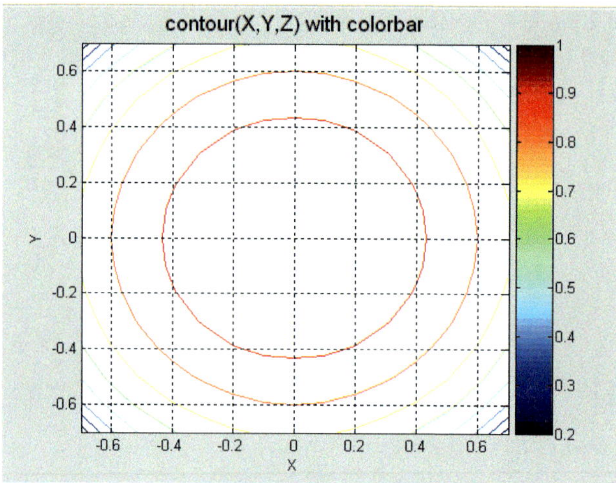

그림 1.7 등고선도

연습 문제

1.1 실제 치수가 50mm인 기계부품의 길이를 측정하여 50.2mm를 얻었다. 오차, 절대오차, 상대오차를 각각 구하여라.

1.2 $\cos(x) = 1 - \frac{x^2}{2!} + \frac{x^4}{4!} - \frac{x^6}{6!} + \frac{x^8}{8!} - \cdots$ 로 정의될 때 $x = \frac{\pi}{4}$에 대하여 급수의 항을 한 단계씩 늘여 가면서 근사값에 대한 상대오차를 평가하여라.

1.3 Matlab을 이용하여 자연수 1부터 100까지의 합을 구하는 프로그램을 작성하여라.

1.4 무한급수의 합 $\lim_{N \to \infty} \sum_{k=1}^{N} \frac{1}{k^2}$의 정확해가 $\frac{\pi^2}{6}$일 때 N이 각각 100, 200, 400, 800, 1600인 경우에 무한급수의 합과 상대오차를 계산하는 프로그램을 작성하여라.

1.5 독립 변수 x의 정의역 $[-3, 3]$에 대하여 $y = 2x^2 + 7$의 값을 계산하여 x 및 y의 값을 '.dat' 파일로 저장하고 그래프를 작도하는 프로그램을 작성하여라. 단, x의 증분은 0.1로 하여라.

2 장

비선형 방정식의 해법

2장에서는 중 · 고등학교 시절에 많이 다루었던 방정식 문제를 수치해석적으로 푸는 방법을 소개한다.

등식의 형태로 주어진, 문자와 수자로 이루어진 식에서 문자에 어떤 특정한 수를 대입할 때만 성립하는 등식을 방정식이라고 하며 문자의 최고 차수가 2차 이상인 방정식을 비선형방정식이라고 한다. 식 (2.1)은 비선형방정식의 한 예이다. 여기서 a, b, c, d는 상수, x는 변수 이다.

$$ax^3 + bx^2 + cx + d = 0 \tag{2.1}$$

$$f(x) = ax^3 + bx^2 + cx + d \tag{2.2}$$

식 (2.1)을 식 (2.2)와 같이 함수로 표현하면 방정식을 푸는 문제는 $f(x) = 0$을 만족하는 x를 구하는 문제로 변환된다. 수치해석은 정확해 '0'에 가까운 근사해를 찾는 것이기 때문에 수치해석적으로 방정식을 푸는 문제는 $f(x) \fallingdotseq 0$을 만족하는 즉, 함수값이 충분히 '0'에 근접하는 x를 찾아내는 문제로 된다.

2.1 증분 추적법(Incremental Search Method)

1) 원리

독립 변수의 구간을 정하고 그 구간 내에 근의 존재 여부를 점검하여, 근이 존재하지 않으면 구간을 이동시키고, 근이 존재하면 구간의 크기를 축소시켜 근을 찾아내는 방법이다.

독립 변수 구간의 하한을 a, 상한을 b라고 하였을 때, f(a) · f(b) < 0이면 구간 [a, b]에 적어도 1 개의 근이 존재한다는 원리를 이용한 방법이다. 즉, f(a)와 f(b)의 부호가 서로 다르면 [그림 2.1]과 같이 함수의 그래프는 a와 b사이에서 x축과 만나게 되므로 구간 [a, b]에 $f(x) = 0$을 만족하는 x가 반드시 존재한다.

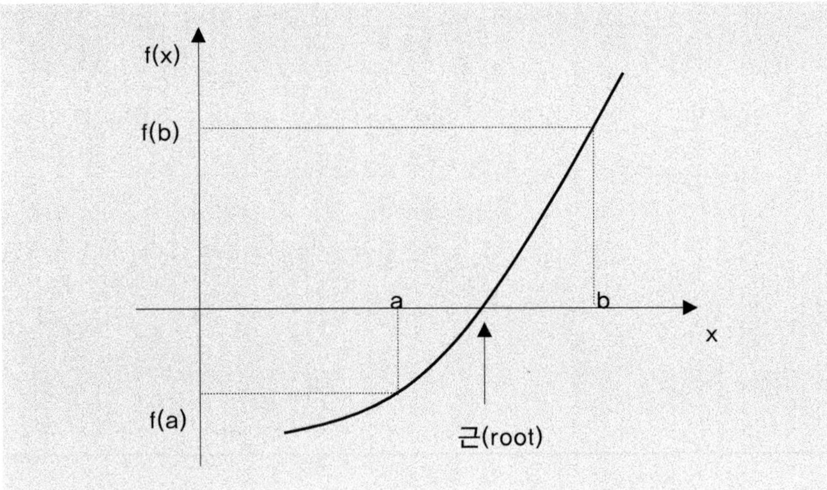

그림 2.1 구간 [a, b]에 근이 있는 경우

2) 계산순서

① 함수를 정의 한다.

② 수렴판정 증분 eps와 최대 허용반복 계산횟수 maxitn을 정한다.

③ 초기 하한경계 a와 초기 증분 delx를 입력한다.

④ 현재의 증분이 수렴판정 증분보다 큰 경우에는 ⑤, ⑥을 반복 계산한다.

⑤ 상한경계 b를 계산하고(b = a+delx); 반복 계산횟수를 누적 계산한다.

⑥ i) f(a) = 0이면 a를 근으로 한다.

ii) f(b) = 0이면 b를 근으로 한다.

iii) f(a) · f(b) > 0이면 현재의 b값를 다음 계산의 a에 할당하고 ⑤로 간다.

iv) f(a) · f(b) < 0이고 delx > eps이면 delx = (0.1 ~ 0.5)delx로 치환하고 ⑤로 간다.

f(a) · f(b) < 0이고 delx ≤ eps이면 b를 근으로 한다.

⑦ 반복 계산횟수가 maxitn을 초과하면 에러 메시지(error message)를 출력한다.

여기에서, eps는 일종의 오차한계로서 수치해석의 결과가 충분히 정밀하다고 판단되는 증분의 최대 크기이다.

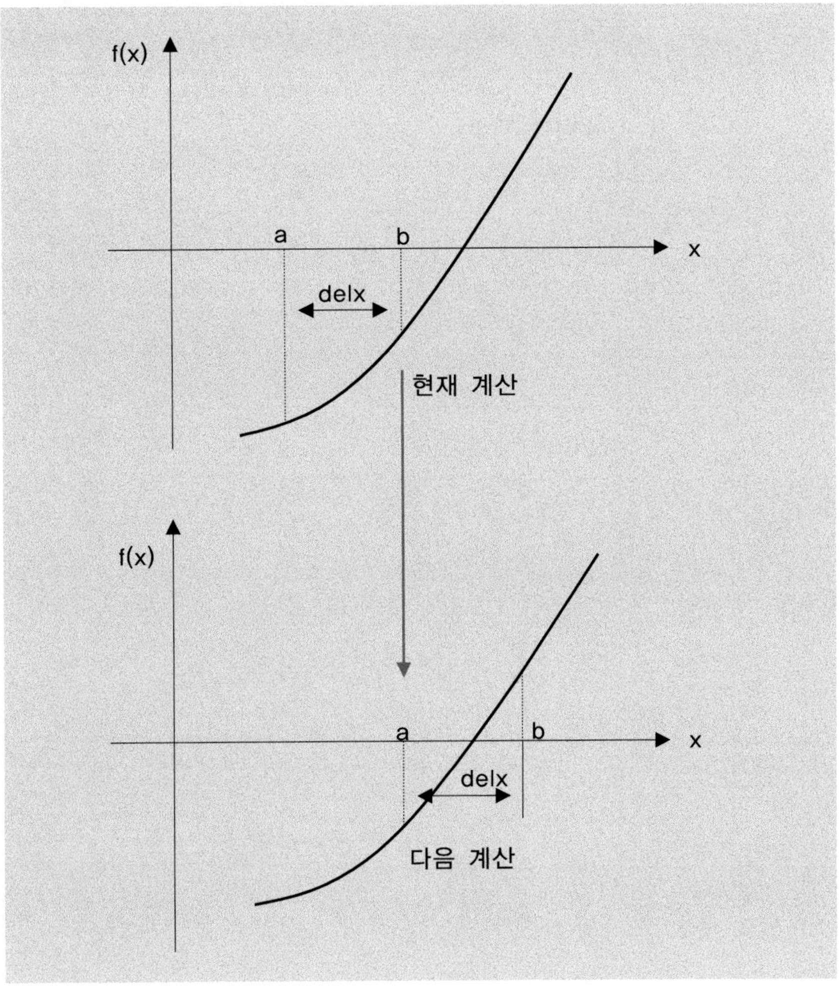

그림 2.2 현재의 b값을 다음 계산의 a에 할당

예제 2.1 ▸ 방정식 $x^2+4x+3=0$의 근을 증분추적법을 이용하여 구하여라.

예제 2.1 함수 정의 프로그램

```
% === f.m: Definition of function =====
function y = f(x)
y = x^2 + 4*x + 3;
% === end of f.m =====================
```

예제 2.1 증분추적법 프로그램

```
% 1 === ex201.m: Incremental search method ===
eps=1.e-5;                                    % 2
maxitn=10000.;                                % 3
itn=0.;                                       % 4
a=input('Lower bound = ');                    % 5
delx=input('Initial increment = ');           % 6
while delx > eps                              % 7
   b=a+delx;                                  % 8
   itn=itn+1;                                 % 9
   if f(a)==0.                                %10
      b=a; break                              % 11
   elseif f(b)==0.                            % 12
      break                                   % 13
   elseif f(a)*f(b) > 0                       % 14
      a=b;                                    % 15
   elseif  f(a)*f(b) < 0                      % 16
      delx=0.2*delx;                          % 17
   end                                        % 18
   if itn > maxitn                            % 19
      fprintf('\n Too many iterations over %.f, Guess again lower bound!
\n', maxitn);
      break                                   % 21
   end                                        % 22
end                                           % 23
if itn <= maxitn                              % 24
      fprintf('\n Root= %.4f , Iterations= %.f \n', b, itn); % 25
end                                           % 26
% 27 === end of ex201.m ====================
```

예제 2.1 프로그램 설명 ▸

① 증분추적법 예제 프로그램 'ex201.m' 을 구동하기 위해서는 함수 정의 프로그램의 파일명은 'f.m'이어야 하고 'ex201.m' 파일과 'f.m' 파일은 동일 폴더에 같이 있어야 한다. 함수 정의 프로그램의 파일명을 'hamsu.m'이라고 저장하였다면 'ex201.m' 파일 중의

'f(a)', 'f(b)'는 각각 'hamsu(a)', 'hamsu(b)'로 변경되어져야 한다.

② 다른 방정식을 풀고자 한다면 함수 정의 프로그램에서 'y = x^2 + 4 * x + 3;' 부분을 원하는 식으로 변경한다.

③ 각 행에 대한 설명

% 1: 프로그램명, 파일명, 작성날짜 등을 나타내는 주석문
% 2: 오차 한계 입력. 'eps = 1.e-5'는 'eps = 1.0×10^{-5}'을 뜻한다.
% 3: 최대 허용 반복 계산횟수
% 4: 반복 계산횟수 초기치
% 5: 하한 경계 초기치 입력
% 6: 초기 증분 입력
% 7: 증분이 오차한계보다 큰 동안에는 'while' loop 반복계산
% 8: 상한 경계 계산
% 9: 반복 계산횟수 누적 계산
% 10~11: f(a) = 0 이면 a를 b에 할당하고 'while' loop을 빠져 나감
% 12~13: f(b) = 0 이면 'while' loop을 빠져 나감
% 14~15: f(a) * f(b) > 0 이면 b를 a에 할당하고 'while' loop 처음으로 되돌아 감
% 16~17: f(a) * f(b) < 0 이면 다음 증분의 크기를 현재 증분의 0.2배로 하고 'while' loop 처음으로 되돌아 감
% 18: end of 'if-else-end' loop
% 19~22: 반복 계산횟수가 최대 허용반복 계산횟수를 초과하면 에러 메시지 'Too many...'을 출력하고 'while' loop을 빠져 나감
% 23: end of 'while' loop
% 24~26: 근과 반복 계산횟수를 출력하고 프로그램 종료
% 27: program의 끝을 표시하는 주석문

예제 2.1 프로그램 실행결과

```
 » ex201
Lower bound = -10
Initial increment = 0.1


 Root= -3.0000 , Iterations= 76
```

```
» ex201
Lower bound = 3
Initial increment = 0.2

 Too many iterations over 10000, Guess again lower bound!
» ex201
Lower bound = -2
Initial increment = 0.3
Root= -1.0000 , Iterations= 22
```

2.2 이분법(Bisection Method)

1) 원리

이분법은 수렴속도를 높이기 위하여 증분추적법을 응용한 방법이다. 이것은 근이 존재하는 구간을 선택한 다음, 그 구간을 절반으로 나누고, 이분된 2 개의 구간 중에서 근이 존재하는 구간을 선택하여 다시 절반으로 나누는 과정을 반복하여 근을 구하는 방법이다. 구간 [a, b]를 이분하였을 때 근의 존재 영역을 추적하여 새로운 구간으로 선택한다. 이분법은 [그림 2.3]에 보인 바와 같이 중간위치 $m = (a+b)/2$를 계산하여;

```
f(a)·f(m) < 0 이면 근은 [a, m] 사이에 존재.
f(a)·f(m) > 0 이면 근은 [m, b] 사이에 존재.
```

한다는 원리를 이용하여 확실하게 근이 존재하는 영역만을 새로운 구간으로 선택하여 수렴속도를 향상시킨 방법이다.

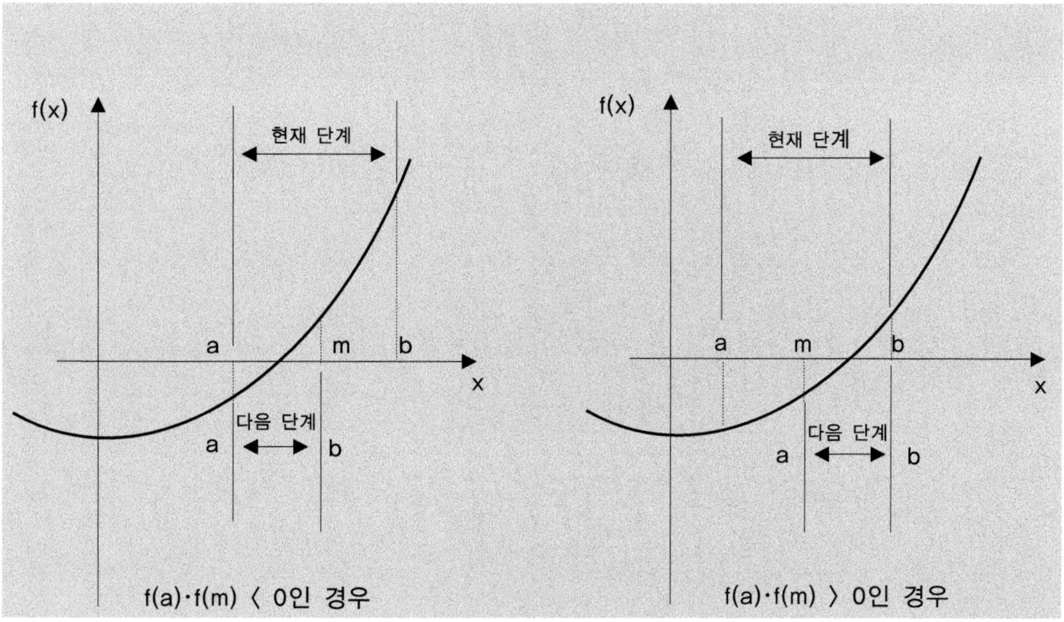

그림 2.3 이분법의 원리

2) 계산순서

① 함수를 정의 한다.

② 수렴판정 증분 eps와 최대 허용반복 계산횟수 maxitn을 정한다.

③ 초기 하한경계 a와 초기 상한경계 b를 입력한다.
f(a) · f(b)를 계산하여 $f(a) \cdot f(b) < 0$ 인지 확인하여 [a, b]를 정한다.

④ 현재의 증분이 수렴판정 증분보다 큰 경우에는 ⑤~⑦을 반복 계산한다.

⑤ 중간값 $m = (a+b)/2$을 계산하고 반복 계산횟수 itn을 누산한다.

⑥ i) $f(a) = 0$ 이면 a를 근으로 한다.
ii) $f(b) = 0$ 이면 b를 근으로 한다.
iii) $f(m) = 0$ 이면 m을 근으로 한다.

⑦ f(a) · f(m) 부호 check
i) $f(a) \cdot f(m) < 0$
m을 b에 할당하고 (b = m) ⑤로 간다.
ii) $f(a) \cdot f(m) > 0$

m을 a에 할당하고 (a = m) ⑤로 간다.

⑧ | b − a | ≤ eps 이면 m을 근으로 하고 계산을 종료한다.

⑨ 반복계산 횟수가 maxitn을 초과하면 에러 메시지(error message)를 출력한다.

예제 2.2 ▸ 방정식 $x^2+4x+3=0$의 근을 이분법을 이용하여 구하여라.

예제 2.2 이분법 프로그램

```
 % === ex202.m: Bisection method  =====
clear
eps=1.e-5; maxitn=1e4; itn=0;
fafb=1;
while fafb>0.
   a=input('Lower bound= ');
   b=input('Upper bound= ');
   fafb=f(a)*f(b);
end
while abs(b-a) > eps
   itn=itn+1;
   m=(a+b)/2;
   if f(a)==0
      m=a; break
   elseif f(b)==0
      m=b; break
   elseif f(m)==0
      break
   elseif f(a)*f(m)<0
      b=m;
   elseif f(a)*f(m)>0
      a=m;
   end
   if itn > maxitn
     fprintf('\n Too many iterations over %.f, Guess
              again lower & upper bound! \n', maxitn);
```

```
        break
    end
end
if itn <= maxitn
     fprintf('\n Root= %.4f , Iterations= %.f \n', m,
            itn);
end
% === end of ex202.m ==========================
```

예제 2.2 프로그램 실행결과

```
?ex202
Lower bound= -5
Upper bound= -2

 Root= -3.0000 , Iterations= 15
?ex202
Lower bound= -2
Upper bound= 3

 Root= -1.0000 , Iterations= 16
```

2.3 가위치법(False Position Method)

1) 원리

가위치법은 수렴속도를 더욱 높이기 위하여 이분법을 응용한 방법이다. 이분법에서 새로운 구간의 상한 또는 하한, 즉 m은 현재 구간의 중간값이 되지만 가위치법에서는 삼각형의 닮음꼴 정리를 이용하여 m을 보다 근에 가까운 값으로 정한다. 예를 들면 [그림 2.4]와 같이 $|f(a)| < |f(b)|$ 인 경우에 근은 b보다 a에 더 가까운 것을 알 수 있다. 따라서 m을 a 부근의 값이 되도록 정한다. 역으로 $|f(a)| > |f(b)|$ 인 경우에 근은 a보다 b에 더 가까우므로 m을 b 부근의 값이 되도록 정한다.

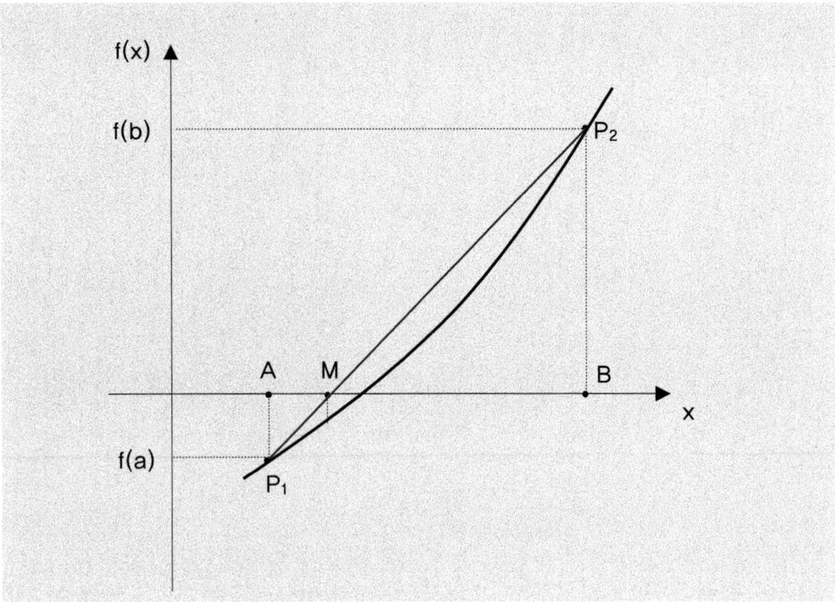

그림 2.4 가위치법의 원리

[그림 2.4]에서 하한 a, 상한 b, 사이값 m에 대응하는 x축상의 점을 각각 A, B, M, 독립 변수 a에 대응하는 그래프 상의 점을 P_1, b에 대응하는 점을 P_2라고 하면 삼각형AMP_1과 삼각형BMP_2는 서로 닮은꼴이므로 다음과 같이 m을 구할 수 있다.

$$\frac{\overline{AM}}{\overline{AP_1}}=\frac{\overline{BM}}{\overline{BP_2}} \tag{2.3}$$

$$\frac{m-a}{|f(a)|}=\frac{b-m}{|f(b)|} \tag{2.4}$$

$$(m-a)|f(b)|=(b-m)|f(a)| \tag{2.5}$$

$$\therefore m=\frac{a|f(b)|+b|f(a)|}{|f(a)|+|f(b)|} \tag{2.6}$$

2) 계산 순서

순서는 이분법과 동일하나 중간값 m과 a 또는 b를 구하는 식이 다르다.

① 함수를 정의 한다.
② 수렴판정 증분 eps와 최대 허용반복 계산횟수 maxitn을 정한다.
③ 초기 하한경계 a와 초기 상한경계 b를 입력한다.
f(a) · f(b)를 계산하여 f(a) · f(b) < 0 인지 확인하여 [a, b]를 정한다.
④ 현재의 증분이 수렴판정 증분보다 큰 경우에는 ⑤ ~ ⑦을 반복 계산한다.
⑤ 중간값 m = (b * abs(f(a))+a * abs(f(b))/(abs(f(a))+abs(f(b)))을 계산하고 반복 계산횟수 itn을 누산한다.
⑥ i) f(a) = 0 이면 a를 근으로 한다.
ii) f(b) = 0 이면 b를 근으로 한다.
iii) f(m) = 0 이면 m을 근으로 한다.
⑦ f(a) · f(m) 부호 check
i) f(a) · f(m) < 0
m을 b에, (a+m)/2을 a에 각각 할당하고 ⑤로 간다.
ii) f(a) · f(m) > 0
m을 a에, (b+m)/2을 b에 각각 할당하고 ⑤로 간다.
⑧ | b - a | ≤ eps 이면 m을 근으로 하고 계산을 종료한다.
⑨ 반복 계산횟수가 maxitn을 초과하면 에러 메시지(error message)를 출력한다.

예제 2.3 ▸ 방정식 $x^2+4x+3=0$의 근을 가위치법을 이용하여 구하여라.

예제 2.3 가위치법 프로그램

```
% === ex203.m: False position method =====
clear
eps=1.e-4 maxitn=1e4; itn=0;
fafb=1;
while fafb>0.
   a=input('Lower bound= ');
   b=input('Upper bound= ');
   fafb=f(a)*f(b);
end
```

```
while abs(b-a) > eps
   itn=itn+1;
   m=(a*abs(f(b))+b*abs(f(a)))/(abs(f(a))+abs(f(b)));
   if f(a)==0.
      m=a; break
   elseif f(b)==0.
      m=b; break
   elseif f(m)==0.
      break
   elseif f(a)*f(m)<0.
      b=m; a=(a+m)/2.;
   elseif f(a)*f(m)>0
      a=m; b=(b+m)/2.;
   end
   if itn > maxitn
      fprintf('\n  Too  many  iterations  over  %.f,  Guess
again lower & upper bound! \n', maxitn);
      break
   end
end
if itn <= maxitn
      fprintf('\n Root= %.4f , Iterations= %.f \n', m, itn);
end
% === end of ex203.m ==========================
```

예제 2.3 프로그램 실행결과

```
?ex203
Lower bound= -5
Upper bound= -2

 Root= -3.0000 , Iterations= 10
?ex203
Lower bound= -2
Upper bound= 3

 Root= -1.0000 , Iterations= 11
```

2.4 뉴턴-랩슨법(Newton-Rapson Method)

미분 가능한 함수에 대하여 매우 빠르게 근을 구할 수 있는 방법으로서 실제적인 수치해석 문제에 가장 많이 사용된다. 그러나 도함수를 구해야 하는 단점이 있다.

1) 그래프를 이용한 뉴턴-랩슨 공식의 유도

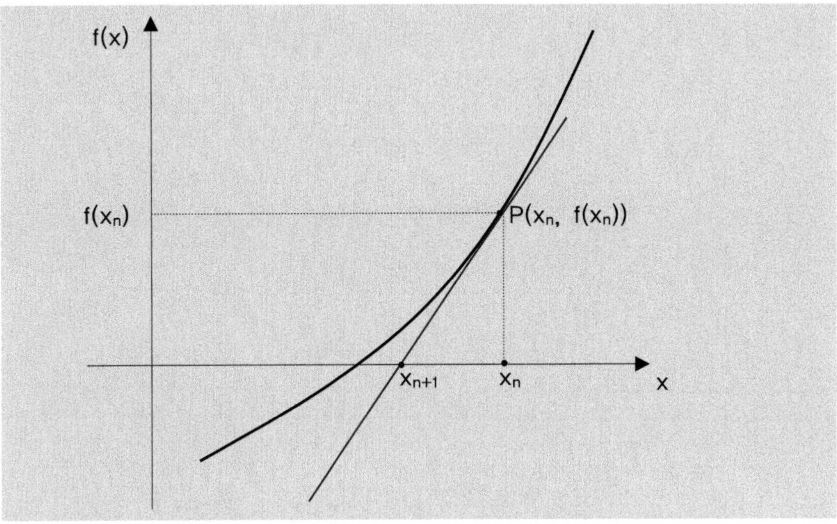

그림 2.5 뉴턴-랩슨법의 원리

[그림 2.5]에서 근의 초기 근사해를 x_n이라 하고 함수 그래프 상의 한 점 $P(x_n, f(x_n))$에서 접선을 그었을 때 접선과 x축의 교점, x_{n+1}은 더욱 근에 가깝다. 접선의 기울기는 x_n에 대한 도함수의 값이므로 다음과 같이 새로운 근사해 x_{n+1}을 구할 수 있다.

$$f'(x_n) = \frac{f(x_n) - 0}{x_n - x_{n+1}} \tag{2.7}$$

$$f'(x_n) \cdot (x_n - x_{n+1}) = f(x_n) \tag{2.8}$$

$$x_{n+1} \cdot f'(x_n) = x_n \cdot f'(x_n) - f(x_n) \tag{2.9}$$

$$x_{n+1} = x_n - \frac{f(x_n)}{f'(x_n)} \tag{2.10}$$

여기에서 n은 반복계산 단계의 횟수(iteration number)이다.

2) Taylor 급수를 이용한 뉴턴-랩슨 공식의 유도

함수 $f(x)$와 그 도함수들이 알려져 있다면 미소 증분 Δx에 대하여 $f(x+\Delta x)$는 식 (2.11)과 같이 Taylor 급수로 표현된다.

$$f(x+\Delta x) = f(x) + f'(x)\cdot\Delta x + f''(x)\cdot\frac{(\Delta x)^2}{2!} + f'''(x)\cdot\frac{(\Delta x)^3}{3!} + \cdots \tag{2.11}$$

2차항 이상을 무시하면;

$$f(x+\Delta x) = f(x) + f'(x)\cdot\Delta x \tag{2.12}$$

만약 $x+\Delta x$가 근이라면 $f(x+\Delta x)=0$이므로;

$$f(x) + f'(x)\cdot\Delta x = 0 \tag{2.13}$$

여기에서 $x=x_n$, $\Delta x = x_{n+1} - x_n$으로 치환하면;

$$f(x_n) + f'(x_n)\cdot(x_{n+1} - x_n) = 0 \tag{2.14}$$

최종적으로

$$x_{n+1} = x_n - \frac{f(x_n)}{f'(x_n)} \tag{2.10}$$

3) 계산 순서

① 함수와 도함수를 정의 한다.
② 오차한계 ε과 최대 허용 반복 계산횟수 maxitn을 정한다.
③ 초기 근사해 x_n을 입력한다.
④ 현재의 상대오차가 오차한계보다 큰 경우에는 ⑤, ⑥을 반복 계산한다.
⑤ 새로운 근사해 $x_{n+1} = x_n - f(x_n)/f'(x_n)$를 계산하고 반복 계산횟

수 itn을 누산한다.

⑥ 수렴 판정

i) $|(x_{n+1} - x_n)/x_{n+1}| \le \varepsilon$이면 x_{n+1}을 근으로 하고 계산을 종료한다.

ii) $|(x_{n+1} - x_n)/x_{n+1}| > \varepsilon$이면 $x_n = x_{n+1}$로 치환하고 ⑤로 간다.

⑦ 반복 계산횟수가 maxitn을 초과하면 에러 메시지(error message)를 출력한다.

예제 2.4 ▸ 방정식 $x^2+4x+3=0$의 근을 뉴턴－랩슨법을 이용하여 구하여라.

예제 2.4 함수 정의 프로그램

```
% === f.m: Definition of function =====
function y = f(x)
y = x^2 + 4*x + 3;
% === end of f.m =====================
```

예제 2.4 도함수 정의 프로그램

```
% === fp.m: Definition of derivative function =====
function yp = fp(x)
yp = 2*x + 4;
% === end of fp.m ==================================
```

예제 2.4 뉴턴-랩슨법 프로그램

```
% === ex204.m: Newton-Rapson method  =====
clear
eps=1.e-6; maxitn=1e4; itn=0;
xn=input('Initial guess= ');
error=1.0;
while error > eps
    itn=itn+1;
    if fp(xn) ~= 0.
```

```
        xn1=xn-f(xn)/fp(xn);
        error=abs((xn1-xn)/xn1);
        xn=xn1;
     end
     if itn > maxitn
        fprintf('\n Too many iterations over %.f, Guess
again initial value! \n', maxitn);
       break
     end
  end
  if itn <= maxitn
        fprintf('\n Root= %.4f , Iterations= %.f \n', xn1, itn);
 end
 % === end of ex204.m ==========================
```

예제 2.4 프로그램 실행결과

```
?ex204
Initial guess= -10

 Root= -3.0000 , Iterations= 7
?ex204
Initial guess= -2

 Too many iterations over 10000, Guess again initial value!
?ex204
Initial guess= 5

 Root= -1.0000 , Iterations= 7
```

연습 문제

2.1 $f(x)=x^2+\sin x-1$의 근을 증분 추적법으로 구하여라.

2.2 이분법을 이용하여 $x^4-10x^3+35x^2-50x+24=0$의 근을 구하여라.

2.3 가위치법을 이용하여 $f(x)=x\ln x-1=0$의 근을 구하여라.

2.4 뉴턴-랩슨법을 이용하여 $x^4-10x^3+35x^2-50x+24=0$의 근을 구하여라.

3 장

연립 1차 방정식의 해법

3.1 행렬과 배열

1) 행렬

수의 집합을 일정한 법칙에 의하여 나열한 것을 행렬(行列, matrix)이라고 한다. 예를 들면 m, n을 자연수라 하고 (m×n) 개의 수 a_{ij} $(i=1,2,...,m\ ;j=1,2,...,n)$를

$$\begin{pmatrix} a_{11} & a_{12} & ... & a_{1n} \\ a_{21} & a_{22} & ... & a_{2n} \\ ... & ... & ... & ... \\ a_{m1} & a_{m2} & ... & a_{mn} \end{pmatrix}$$
과 같이 나열한 것을 '*m*×*n* 행렬'이라고 한다.

[표 3.1]에 간단한 '2×3 행렬'의 예를 나타내었다.

표 3.1
행렬의 예

$$\begin{pmatrix} 3 & 5 & 7 \\ 9 & 4 & 3 \end{pmatrix}$$

행(行, raw)은 가로줄, 열(列, column)은 세로줄을 의미하며 '*i*'를 행의 번호, '*j*'를 열의 번호라고 할 때 각각의 수 a_{ij} 를 행렬의 '요소(element)'라고 말한다. [표 3.2]에 행렬에 대한 각 요소의 표기 방법을 나타내었다.

표 3.2
행렬 요소의 표기

	제1열 ↓	제2열 ↓	제3열 ↓
제1행 →	3 (1,1)요소	5 (1,2)요소	7 (1,3)요소
제2행 →	9 (2,1)요소	4 (2,2)요소	3 (2,3)요소

행의 수 또는 열의 수가 단 하나인 행렬을 벡터(vector)라고 한다. 행이 하나인 벡터를 행벡터(raw vector), 열이 하나인 벡터를 열벡터

(column vector)라고 한다.

표 3.3
벡터의 예

$(3\ 5\ 7)$; 행벡터 또는 가로벡터

$\begin{pmatrix} 1 \\ 2 \\ 8 \end{pmatrix}$; 열벡터 또는 세로벡터

2) 행렬의 연산

① 덧셈: 각 요소끼리 더한다.

$A = \begin{pmatrix} a_{11} & a_{12} \\ a_{21} & a_{22} \end{pmatrix}$, $B = \begin{pmatrix} b_{11} & b_{12} \\ b_{21} & b_{22} \end{pmatrix}$ 일 때 두 행렬의 합:

$$A + B = \begin{pmatrix} a_{11} + b_{11} & a_{12} + b_{12} \\ a_{21} + b_{21} & a_{22} + b_{22} \end{pmatrix} \tag{3.1}$$

② 뺄셈: 앞 행렬 요소에서 뒤 행렬 요소를 뺀다.

$A = \begin{pmatrix} a_{11} & a_{12} \\ a_{21} & a_{22} \end{pmatrix}$, $B = \begin{pmatrix} b_{11} & b_{12} \\ b_{21} & b_{22} \end{pmatrix}$ 일 때 두 행렬의 차:

$$A - B = \begin{pmatrix} a_{11} - b_{11} & a_{12} - b_{12} \\ a_{21} - b_{21} & a_{22} - b_{22} \end{pmatrix} \tag{3.2}$$

③ 곱셈: 앞 행렬의 행과 뒤 행렬의 열의 요소를 각각 순차적으로 곱하여 더한다.

$A = \begin{pmatrix} a_{11} & a_{12} & a_{13} \\ a_{21} & a_{22} & a_{23} \end{pmatrix}$, $B = \begin{pmatrix} b_{11} & b_{12} \\ b_{21} & b_{22} \\ b_{31} & b_{32} \end{pmatrix}$ 일 때 두 행렬의 곱:

$$AB = \begin{pmatrix} a_{11} & a_{12} & a_{13} \\ a_{21} & a_{22} & a_{23} \end{pmatrix} \begin{pmatrix} b_{11} & b_{12} \\ b_{21} & b_{22} \\ b_{31} & b_{32} \end{pmatrix}$$

$$= \begin{pmatrix} a_{11}b_{11} + a_{12}b_{21} + a_{13}b_{31} & a_{11}b_{12} + a_{12}b_{22} + a_{13}b_{32} \\ a_{21}b_{11} + a_{22}b_{21} + a_{23}b_{31} & a_{21}b_{12} + a_{22}b_{22} + a_{23}b_{32} \end{pmatrix} \tag{3.3}$$

m, n, r을 자연수라고 하고 $m \times n$ 행렬 A와 $n \times r$ 행렬 B를 곱하는 일반적인 경우를 생각해보자.

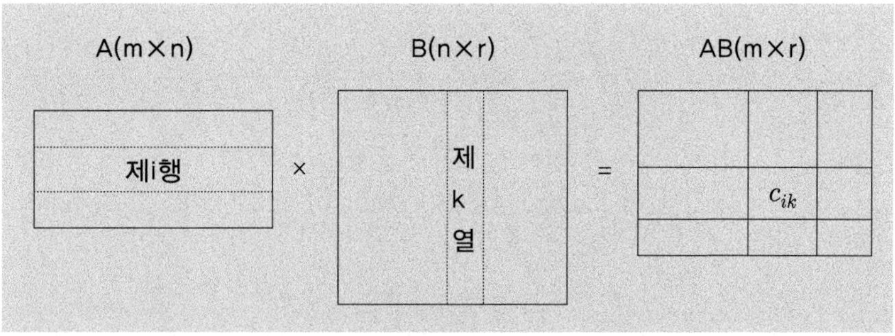

그림 3.1 행렬 곱셈의 도식적 표현

A의 요소를 a, B의 요소를 b, AB의 요소를 c로 표기하면 AB의 $(i,\ k)$요소는 다음과 같다.

$$c_{ik} = a_{i1}b_{1k} + a_{i2}b_{2k} + a_{i3}b_{3k} + \cdot\cdot\cdot + a_{in}b_{nk} \tag{3.4}$$

그러므로 앞 행렬의 열의 수와 뒤 행렬의 행의 수가 같아야 행렬의 곱셈이 가능하다. 곱셈 결과로 얻어진 행렬에서 행의 수는 앞 행렬, 열의 수는 뒤 행렬의 것과 각각 같다. 행렬의 곱셈에서 교환법칙은 성립되지 않는다.

$$AB \neq BA \tag{3.5}$$

④ 나눗셈: 행렬의 연산에서 나눗셈은 성립되지 않는다. 개념적으로 나눗셈이 필요한 경우에는 나누고자하는 행렬의 역행렬을 구하여 곱해준다. 역행렬은 3장 6절에 설명되어 있다.

3) 행렬과 벡터를 이용한 연립1차 방정식의 표현

미지수를 x, y, z, 미지수의 계수를 p, q, r 상수항을 b로 하였을 때 3원 1차 연립방정식의 일반적인 형태는 식 (3.6)과 같이 표현된다.

$$\begin{aligned} p_1x+q_1y+r_1z&=b_1 \\ p_2x+q_2y+r_2z&=b_2 \\ p_3x+q_3y+r_3z&=b_3 \end{aligned} \tag{3.6}$$

식 (3.6)에 행렬의 곱셈 규칙을 적용하면 식 (3.7)이 얻어진다.

$$\begin{bmatrix} p_1 & q_1 & r_1 \\ p_2 & q_2 & r_2 \\ p_3 & q_3 & r_3 \end{bmatrix} \begin{pmatrix} x \\ y \\ z \end{pmatrix} = \begin{pmatrix} b_1 \\ b_2 \\ b_3 \end{pmatrix} \tag{3.7}$$

여기에서

$$\begin{bmatrix} p_1 & q_1 & r_1 \\ p_2 & q_2 & r_2 \\ p_3 & q_3 & r_3 \end{bmatrix}\text{:계수행렬, } \begin{pmatrix} x \\ y \\ z \end{pmatrix}\text{:미지수 벡터, } \begin{pmatrix} b_1 \\ b_2 \\ b_3 \end{pmatrix}\text{: 상수항 벡터}$$

계수행렬의 요소를 a_{11}, a_{12}, a_{13}, 미지수를 x_1, x_2, x_3 등으로 나타내면 연립방정식은 식 (3.8)과 같이 표현된다.

$$\begin{bmatrix} a_{11} & a_{12} & a_{13} \\ a_{21} & a_{22} & a_{23} \\ a_{31} & a_{32} & a_{33} \end{bmatrix} \begin{pmatrix} x_1 \\ x_2 \\ x_3 \end{pmatrix} = \begin{pmatrix} b_1 \\ b_2 \\ b_3 \end{pmatrix} \tag{3.8}$$

식 (3.8)의 계수행렬에서 행의 번호와 열의 번호가 같은 요소 즉, a_{11}, a_{22}, a_{33} 등을 '대각요소'라고 한다.

4) 배열

수치해석이 공학적으로 활용되는 분야는 대부분, 다변수 연립방정식을 푸는 문제일 것이다. 변수의 개수가 사람의 능력으로는 취급하기 어려울 만큼 매우 많은 경우에 컴퓨터를 이용하면 쉽게 해결될 수 있다. 앞서 살펴본 바와 같이 연립방정식은 행렬과 벡터로 표현될 수 있으므로 컴퓨터가 행렬과 벡터를 인식하는 수단이 필요하다. 이것이 바로 배열이다. 배열은 하나의 변수명으로 할당되어 여러 개의 데이터를 저장하는 기억 공간이다. [표 3.4]에 Matlab에서 배열을 정의하는 방법을 설명하였다.

표 3.4
배열의 정의 방법

Matlab 명령문	설 명
A=zeros(2,3);	A는 모든 요소가 '0' 인 2×3행렬이다.
B=ones(3,1);	B는 모든 요소가 '1' 인 3×1행렬 (열벡터) 이다.
A=[3 5 7; 9 4 3];	A는 $\begin{pmatrix} 3 & 5 & 7 \\ 9 & 4 & 3 \end{pmatrix}$ 행렬이다.
A(1, 2)=5.;	A의 (1, 2) 요소는 5이다.
B=[1; 2; 8];	B는 $\begin{pmatrix} 1 \\ 2 \\ 8 \end{pmatrix}$ 벡터이다.
B(2, 1)=2;	B의 (2, 1) 요소는 2이다.
A(:, 1)=3.5;	A의 1열의 모든 요소는 3.5이다.
B(3, :)=0;	B의 3행의 모든 요소는 0이다.

3.2 가우스 소거법(Gaussian Elimination Method)

1) 원리

등식의 양변에 0이 아닌 어떤 수를 곱하거나 나누어도 등식은 성립한다. 또한 연립방정식의 한 식을 다른 식과 가감하여 얻어진 새로운 식도 등식이 성립한다. 소거법은 연립방정식에 이 성질을 이용하여 미지수의 개수를 단계적으로 줄여나가는 방법이다. n원 연립방정식에서 제1행에는 n 개의 미지수가 존재하지만 제2행에는 n−1 개의 미지수가, 제n행 즉, 마지막 행의 방정식에는 단 1 개의 미지수가 존재하도록 연립방정식을 변형시킨다. 변형된 연립방정식의 마지막 행에서 n 번째의 미지수를 구한 다음, n−1행에 구해진 n

번째의 미지수를 대입하여 n−1 번째의 미지수를 구한다. 이와 같이 먼저 구해진 미지수를 역으로 대입하여 모든 미지수를 구할 수 있다.

① 주어진 연립방정식

$$a_{11}x_1 + a_{12}x_2 + a_{13}x_3 = a_{14}$$
$$a_{21}x_1 + a_{22}x_2 + a_{23}x_3 = a_{24} \tag{3.9}$$
$$a_{31}x_1 + a_{32}x_2 + a_{33}x_3 = a_{34}$$

② 변형된 연립방정식

$$a_{11}x_1 + a_{12}x_2 + a_{13}x_3 = a_{14}$$
$$a_{22}{}'x_2 + a_{23}{}'x_3 = a_{24}{}' \tag{3.10}$$
$$a_{33}{}'x_3 = a_{34}{}'$$

③ 후진 대입 (back substitution)

$$x_3 = \frac{a_{34}{}'}{a_{33}{}'} \tag{3.11}$$

$$x_2 = \frac{a_{24}{}' - a_{23}{}'x_3}{a_{22}{}'} \tag{3.12}$$

$$x_1 = \frac{a_{14}{}' - (a_{12}{}'x_2 + a_{13}{}'x_3)}{a_{11}} \tag{3.13}$$

표 3.5 가우스 소거법의 원리

예제 3.1 ▸ 아래 연립방정식의 근을 가우스 소거법을 이용하여 구하여라.

$$2x_1 + x_2 - 3x_3 = 1 \quad - ①$$
$$4x_1 + x_2 - 2x_3 = 4 \quad - ②$$
$$3x_1 + 2x_2 - x_3 = 6 \quad - ③$$

풀 이

(ⅰ) 제2행의 x_1 소거

② − ①×(4/2)

$$2x_1 + x_2 - 3x_3 = 1$$
$$0 - x_2 + 4x_3 = 2$$
$$3x_1 + 2x_2 - x_3 = 6$$

(ⅱ) 제3행의 x_1 소거

③ − ①×(3/2)

$$2x_1 + x_2 - 3x_3 = 1$$
$$-x_2 + 4x_3 = 2 - ②'$$
$$x_2 + 7x_3 = 9 - ③'$$

(ⅲ) 제3행의 x_2 소거

③' − ②'×(−1)

$$2x_1 + x_2 - 3x_3 = 1$$
$$-x_2 + 4x_3 = 2 - ②'$$
$$0 + 11x_3 = 11 - ③''$$

▸ 후진대입에 의해

$$x_3 = 11/11 = 1$$

$$x_2 = \frac{2-4x_3}{-1} = \frac{2-4\times 1}{-1} = 2$$

$$x_1 = \frac{1-x_2+3x_3}{2} = \frac{1-2+3\times 1}{2} = 1$$

$\therefore x_1 = 1,\ x_2 = 2,\ x_3 = 1$

2) 피벗팅(pivoting)

[표 3.5] 및 [예제 3.1]에 보인 바와 같이 근을 구하기 위한 후진대입 과정에서 대각요소로 나누는 작업이 필요하다. 이 때 만약 대각요소의 값이 '0'이라면 계산이 불가능하게 되고 또한 '0'이 아니어서 계산이 가능하다고 하더라도 대각요소의 크기가 '0'에 가까운 값이라면 그 계산 결과는 부정확하게 된다. 그러므로 근의 정밀도를 높이기 위해서는 대각요소는 같은 행의 다른 요소에 비하여 그 절대값이 가장 커야 한다. 피벗팅이란 후진대입 과정에서 '0'으로 나누는 것을 방지하고 해의 정밀도를 향상시키기 위하여 연립방정식의 행의 순서를 바꾸어서 절대값이 가장 큰 요소를 대각요소로

택하는 절차를 말한다.

3) 계산 순서

① 확대행렬 구성: 계수행렬의 마지막 열 다음에 상수항 벡터를 첨가하여 확대행렬을 구성한다.

② 피벗팅: 확대행렬에서 대각요소의 절대값이 가장 크게 되도록 행을 다시 배열한다.

③ 피벗행 정규화 및 소거

- **피벗행 정규화:** 소거 과정에서 기준이 되는 대각요소를 피벗요소라고 하며 피벗요소의 크기가 1이 되도록 한다. 즉 피벗행의 모든 요소를 피벗요소로 나눈다. 이 과정은 계산횟수를 줄이고 소거 과정을 간단하게 한다.
- **소거:** 피벗행 아래에 있는 모든 행에 걸쳐서 대각요소가 있는 열의 아래쪽 요소에 대하여 각 요소의 값에 피벗행을 곱하여 뺀다.

④ 최종행의 근: 미지수의 개수가 n 개인 경우에 최종행의 근; $x_n = a_{n,n+1}$

⑤ 후진대입: 먼저 구해진 근을 역으로 대입하여 모든 근을 구한다.

예제 3.2 ▸ "3) 계산 순서"에 따라 아래의 연립방정식을 풀이하는 과정을 보여라.

$$2x_1 + x_2 - 3x_3 = 5$$

$$4x_1 - 5x_3 = 3$$

$$x_1 + 2x_2 - x_3 = 9$$

풀 이

① 확대행렬 구성:

$$\begin{bmatrix} 2 & 1 & -3 & 5 \\ 4 & 0 & -5 & 3 \\ 1 & 2 & -1 & 9 \end{bmatrix}$$

② 피벗팅:

$$\begin{bmatrix} 4 & 0 & -5 & 3 \\ 1 & 2 & -1 & 9 \\ 2 & 1 & -3 & 5 \end{bmatrix}$$

③ 피벗요소 정규화 및 소거

- 제1행을 피벗행으로 하여 정규화: (1행)/4

$$\begin{bmatrix} 4/4 & 0/4 & -5/4 & 3/4 \\ 1 & 2 & -1 & 9 \\ 2 & 1 & -3 & 5 \end{bmatrix} = \begin{bmatrix} 1 & 0 & -1.25 & 0.75 \\ 1 & 2 & -1 & 9 \\ 2 & 1 & -3 & 5 \end{bmatrix}$$

- 제1행을 피벗행으로 하여 (2, 1)요소 소거: (2행)−(1행) * 1

$$\begin{bmatrix} 1 & 0 & -1.25 & 0.75 \\ 1-1 & 2-0 & -1-(-1.25) & 9-0.75 \\ 2 & 1 & -3 & 5 \end{bmatrix} = \begin{bmatrix} 1 & 0 & -1.25 & 0.75 \\ 0 & 2 & 0.25 & 8.25 \\ 2 & 1 & -3 & 5 \end{bmatrix}$$

- 제1행을 피벗행으로 하여 (3, 1)요소 소거: (3행)−(1행) * 2

$$\begin{bmatrix} 1 & 0 & -1.25 & 0.75 \\ 0 & 2 & 0.25 & 8.25 \\ 2-1*2 & 1-0*2 & -3-(-1.25)*2 & 5-0.75*2 \end{bmatrix} = \begin{bmatrix} 1 & 0 & -1.25 & 0.75 \\ 0 & 2 & 0.25 & 8.25 \\ 0 & 1 & -0.5 & 3.5 \end{bmatrix}$$

- 제2행을 피벗행으로 하여 정규화: (2행)/2

$$\begin{bmatrix} 1 & 0 & -1.25 & 0.75 \\ 0 & 2/2 & 0.25/2 & 8.25/2 \\ 0 & 1 & -0.5 & 3.5 \end{bmatrix} = \begin{bmatrix} 1 & 0 & -1.25 & 0.75 \\ 0 & 1 & 0.125 & 4.125 \\ 0 & 1 & -0.5 & 3.5 \end{bmatrix}$$

- 제2행을 피벗행으로 하여 (3, 2)요소 소거: (3행)−(2행) * 1

$$\begin{bmatrix} 1 & 0 & -1.25 & 0.75 \\ 0 & 1 & 0.125 & 4.125 \\ 0 & 1-1 & -0.5-0.125 & 3.5-4.125 \end{bmatrix} = \begin{bmatrix} 1 & 0 & -1.25 & 0.75 \\ 0 & 1 & 0.125 & 4.125 \\ 0 & 0 & -0.625 & -0.625 \end{bmatrix}$$

- 제3행을 피벗행으로 하여 정규화: (3행)/(−0.625)

$$\begin{bmatrix} 1 & 0 & -1.25 & 0.75 \\ 0 & 1 & 0.125 & 4.125 \\ 0 & 0 & -0.625/-0.625 & -0.625/-0.625 \end{bmatrix} = \begin{bmatrix} 1 & 0 & -1.25 & 0.75 \\ 0 & 1 & 0.125 & 4.125 \\ 0 & 0 & 1 & 1 \end{bmatrix}$$

④ 최종행의 근: 미지수의 개수가 3 개인 경우에 최종행에서

$x_3 = a_{3,4} = 1$

⑤ 후진대입:

$x_2 = 4.125 - 0.125 * x_3 = 4.125 - 0.125 * 1 = 4$

$x_1 = 0.75 + 1.25 * x_3 = 0.75 + 1.25 * 1 = 2$

예제 3.3 ▸ 가우스 소거법을 이용하여 [예제 3.2]의 연립방정식을 풀이하는 프로그램을 작성하여라.

예제 3.3 가우스 소거법 프로그램

```
% === ex303.m: Gauss elimination =========
% A: augmented matrix, X: roots vector
% ------ Data input ------
clear
% A=input('Augmented Matrix = ');
A=[2 1 -3 5; 4 0 -5 3; 1 2 -1 9]
n=length(A)-1; % number of variables
% ------ Pivoting -------
for k=1:n-1
    j=k;
    for i=k+1:n
        if abs(A(j,k)) < abs(A(i,k))
            j=i;
        end
    end
        if j ~= k
            for i=1:n+1
                temp=A(k,i);
                A(k,i)=A(j,i);
                A(j,i)=temp;
            end
        end
  end
```

```
 A % After pivoting
% ------ Normalizing & Elimination -------
for i=1:n
    pivot=A(i,i);
    for j=1:n+1
        A(i,j)=A(i,j)/pivot;
    end
    for k=i+1:n
        D=A(k,i);
        for j=1:n+1
            A(k,j)=A(k,j)-A(i,j)*D;
        end
    end
end
A% After normalizing & elimination
% ---- Root in the last raw -----
X(n,1)=A(n,n+1);
% ----- Back substitition -------
for i=n:-1:1
    sum=0;
    for j=i+1:n
        sum = sum + A(i,j)*X(j,1);
    end
        X(i,1)=A(i,n+1)-sum;
end
% ----- Roots -----
X
% ====== end of ex303.m ========================
```

예제 3.3 프로그램 실행결과

```
?ex303

① 확대행렬

A =

     2     1    -3     5
     4     0    -5     3
     1     2    -1     9


② 피벗팅 후 확대행렬

A =

     4     0    -5     3
     1     2    -1     9
     2     1    -3     5


③ Gauss 소거 후 확대행렬

A =

    1.0000         0   -1.2500    0.7500
         0    1.0000    0.1250    4.1250
         0         0    1.0000    1.0000


④ 해

X =

     2
     4
     1
```

3.3 가우스 조르단법(Gauss Jordan Method)

1) 원리

가우스 조르단법은 가우스 소거법을 응용한 것으로서 대각요소만을 남기고 다른 요소들을 모두 소거하여 근을 구하는 방법이다. 특히, 대각요소의 크기를 '1'로 변환시킨 경우에는 상수항 벡터가 구하는 근이 된다.

① 주어진 연립방정식

$$a_{11}x_1 + a_{12}x_2 + a_{13}x_3 = a_{14} \tag{3.14}$$

$$a_{21}x_1 + a_{22}x_2 + a_{23}x_3 = a_{24}$$

$$a_{31}x_1 + a_{32}x_2 + a_{33}x_3 = a_{34}$$

② 변형된 연립방정식

$$1x_1 + 0x_2 + 0x_3 = a_{14}' \tag{3.15}$$

$$0x_1 + 1x_2 + 0x_3 = a_{24}'$$

$$0x_1 + 0x_2 + 1x_3 = a_{34}'$$

③ 근

$$x_1 = a_{14}' \tag{3.16}$$

$$x_2 = a_{24}'$$

$$x_3 = a_{34}'$$

표 3.6 가우스 조르단법의 원리

행의 수와 열의 수가 서로 같은 행렬을 정방행렬이라고 하고 정방행렬 중에서 대각요소들은 모두 '1'이고 나머지 요소들은 모두 '0'인 행렬을 단위행렬이라고 한다. 가우스 조르단법은 처음 주어진 계수행렬을 단위행렬로 변환시키면 우변항 벡터는 근 벡터로 된다는 원리를 이용한 것이다. 즉, [표 3.6]에서 변형된 연립방정식을 행렬과 벡터로써 표현하면:

$$\begin{bmatrix} 1 & 0 & 0 \\ 0 & 1 & 0 \\ 0 & 0 & 1 \end{bmatrix} \begin{pmatrix} x_1 \\ x_2 \\ x_3 \end{pmatrix} = \begin{pmatrix} a_{14}' \\ a_{24}' \\ a_{34}' \end{pmatrix} \tag{3.17}$$

여기에서 단위행렬은 그 크기가 '1'이므로 상수항 벡터가 근 벡터로 됨을 알 수 있다. 수치해석 프로그램에서는 별도의 상수항 벡터를 할당하지 않고 계수행렬의 최종열 다음에 상수항 벡터를 추가한 확대행렬을 사용하는 것이 유리하다.

2) 계산 순서

① 확대행렬 구성: 계수행렬의 마지막 열 다음에 상수항 벡터를 첨가하여 확대행렬을 구성한다.

② 피벗팅: 확대행렬에서 대각요소의 절대값이 가장 크게 되도록 행을 다시 배열한다.

③ 피벗행 정규화 및 소거

- 피벗행 정규화: 소거 과정에서 기준이 되는 대각요소를 피벗요소라고 하며 피벗요소의 크기가 1이 되도록 한다.
- 소거: 피벗행 이외의 모든 행에 걸쳐서 대각요소가 있는 열의 모든 요소에 대하여 각 요소의 값에 피벗행을 곱하여 뺀다.

④ 근: 확대행렬의 최종열이 근이다. $x_i = a_{i,n+1}$, $i = 1, 2, \cdots, n$

예제 3.4 ▸ 가우스 조르단법을 이용하여 아래의 연립방정식을 풀이하는 프로그램을 작성하여라.

$$2x_1 + x_2 - 3x_3 = 5$$

$$4x_1 - 5x_3 = 3$$

$$x_1 + 2x_2 - x_3 = 9$$

예제 3.4 가우스 조르단법 프로그램

```
% === ex304.m: Gauss Jordan method =============
% A: augmented matrix, X: roots vector
% ------ Data input ------
clear
% A=input('Augmented Matrix = ');
A=[2 1 -3 5; 4 0 -5 3; 1 2 -1 9];
n=length(A)-1;
% ------ Pivoting -------
for k=1:n-1
    j=k;
    for i=k+1:n
        if abs(A(j,k)) < abs(A(i,k))
            j=i;
        end
    end
        if j ~= k
            for i=1:n+1
                temp=A(k,i);
                A(k,i)=A(j,i);
                A(j,i)=temp;
               end
        end
end
% ------ Normalizing & Elimination -------
for i=1:n
    pivot=A(i,i);
    for j=1:n+1
        A(i,j)=A(i,j)/pivot;
    end
    for k=1:n
        D=A(k,i);
        for j=1:n+1
             if k ~= i
               A(k,j)=A(k,j)-A(i,j)*D;
             end
```

```
 end
    end
  A % After normalizing & elimination
end
% ---- Roots -----
X=A(:,n+1)
% ====== end of ex304.m ========================
```

예제 3.4 프로그램 실행결과

```
?ex304

A =
    1.0000         0   -1.2500    0.7500
         0    2.0000    0.2500    8.2500
         0    1.0000   -0.5000    3.5000

A =
    1.0000         0   -1.2500    0.7500
         0    1.0000    0.1250    4.1250
         0         0   -0.6250   -0.6250

A =
     1     0     0     2
     0     1     0     4
     0     0     1     1

X =
     2
     4
     1
```

3.4 가우스 자이달법(Gauss Seidal Method)

1) 원리

초기 근사해를 가정한 다음, 주어진 방정식에 근사해를 대입하여 새로운 근사해를 반복 계산함으로써 근을 구하는 방법이다. 근사해에 대한 상대오차를 구하여 상대오차가 오차한계 이내가 될 때까지 반복계산하여 수렴된 근을 구한다.

① 주어진 연립방정식

$$a_{11}x_1 + a_{12}x_2 + a_{13}x_3 = b_1 \quad (3.18)$$

$$a_{21}x_1 + a_{22}x_2 + a_{23}x_3 = b_2$$

$$a_{31}x_1 + a_{32}x_2 + a_{33}x_3 = b_3$$

② 변형된 연립방정식

$$a_{11}\,x_1 = b_1 - (a_{12}\,x_2 + a_{13}\,x_3) \quad (3.19)$$

$$a_{22}\,x_2 = b_2 - (a_{21}\,x_1 + a_{23}\,x_3)$$

$$a_{33}\,x_3 = b_3 - (a_{31}\,x_1 + a_{32}\,x_2)$$

③ 초기 근사해 가정

$$x_1 = x_1^0, \quad x_2 = x_2^0, \quad x_3 = x_3^0 \quad (3.20)$$

④ 1회 반복계산

- 초기 근사해를 변형된 방정식에 대입하여 새로운 근사해 계산

$$x_1^1 = \frac{b_1 - (a_{12}\,x_2^0 + a_{13}\,x_3^0)}{a_{11}} \quad (3.21)$$

$$x_2^1 = \frac{b_2 - (a_{21}\,x_1^1 + a_{23}\,x_3^0)}{a_{22}} \quad (3.22)$$

$$x_3^1 = \frac{b_3 - (a_{31}\,x_1^1 + a_{32}\,x_2^1)}{a_{33}} \quad (3.23)$$

단, $a_{11} \neq 0, a_{22} \neq 0, a_{33} \neq 0.$

표 3.7
가우스 자이달법의 원리

⑤ k회 반복계산

$$x_1^k = \frac{b_1 - (a_{12}\, x_2^{k-1} + a_{13}\, x_3^{k-1})}{a_{11}} \tag{3.24}$$

$$x_2^k = \frac{b_2 - (a_{21}\, x_1^k + a_{23}\, x_3^{k-1})}{a_{22}} \tag{3.25}$$

$$x_3^k = \frac{b_3 - (a_{31}\, x_1^k + a_{32}\, x_2^k)}{a_{33}} \tag{3.26}$$

▪ 수렴 판정

$$\frac{\sum_{i=1}^{n} |x_i^k - x_i^{k-1}|}{\sum_{i=1}^{n} |x_i^k|} < \varepsilon \tag{3.27}$$

표 3.7
가우스 자이달법의 원리(계속)

예제 3.5 ▸ 아래 연립방정식의 근을 가우스 자이달법으로 구하여라. 수렴판정 오차한계는 1×10^{-4}, 초기 근사해는 모두 0으로 가정하여라.

$$10\, x_1 + x_2 + x_3 = 32$$

$$x_1 + 20\, x_2 + x_3 = 109$$

$$x_1 + x_2 + 30\, x_3 = 217$$

풀 이

▪ 초기 근사해 $x_1^0 = x_2^0 = x_3^0 = 0$

▪ 1회 반복계산

$$x_1^1 = \frac{32 - (x_2^0 + x_3^0)}{10} = \frac{32 - (0+0)}{10} = 3.2$$

$$x_2^1 = \frac{109 - (x_1^1 + x_3^0)}{20} = \frac{109 - (3.2+0)}{20} = 5.29$$

$$x_3^1 = \frac{217 - (x_1^1 + x_2^1)}{30} = \frac{217 - (3.2+5.29)}{30} = 6.9503$$

$$\text{상대오차}^1 = \frac{\sum_{i=1}^{3}|x_i^1 - x_i^0|}{\sum_{i=1}^{3}|x_i^1|}$$

$$= \frac{(3.2-0)+(5.29-0)+(6.5903-0)}{3.2+5.29+6.9503} = 1.0000$$

▪ 2회 반복계산

$$x_1^2 = \frac{32-(x_2^1+x_3^1)}{10} = \frac{32-(5.29+6.9503)}{10} = 1.9760$$

$$x_2^2 = \frac{109-(x_1^2+x_3^1)}{20} = \frac{109-(1.9760+6.9503)}{20} = 5.0037$$

$$x_3^2 = \frac{217-(x_1^2+x_2^2)}{30} = \frac{217-(1.9760+5.0037)}{30} = 7.0007$$

$$\text{상대오차}^2 = \frac{\sum_{i=1}^{3}|x_i^2 - x_i^1|}{\sum_{i=1}^{3}|x_i^2|}$$

$$= \frac{|1.9760-3.2|+|5.0037-5.29|+|7.0007-6.9503|}{1.9760+5.0037+7.0007} = 0.1116$$

▪ 3회 반복계산

$$x_1^3 = \frac{32-(x_2^2+x_3^2)}{10} = \frac{32-(5.0037+7.0007)}{10} = 1.9996$$

$$x_2^3 = \frac{109-(x_1^3+x_3^2)}{20} = \frac{109-(1.9996+7.0007)}{20} = 5.0000$$

$$x_3^3 = \frac{217-(x_1^3+x_2^3)}{30} = \frac{217-(1.9996+5.0000)}{30} = 7.0000$$

$$\text{상대오차}^3 = \frac{\sum_{i=1}^{3}|x_i^3 - x_i^2|}{\sum_{i=1}^{3}|x_i^3|}$$

$$= \frac{|1.9996-1.9760|+|5.0000-5.0037|+|7.0000-7.0007|}{1.9996+5.0000+7.0000} = 0.0020$$

▪ 4회 반복계산

$$x_1^4 = \frac{32-(x_2^3+x_3^3)}{10} = \frac{32-(5.0000+7.0000)}{10} = 2.0000$$

$$x_2^4 = \frac{109-(x_1^4+x_3^3)}{20} = \frac{109-(2000+7.0000)}{20} = 5.0000$$

$$x_3^4 = \frac{217-(x_1^4+x_2^4)}{30} = \frac{217-(2.0000+5.0000)}{30} = 7.0000$$

$$\text{상대오차}^4 = \frac{\sum_{i=1}^{3}|x_i^4 - x_i^3|}{\sum_{i=1}^{3}|x_i^4|}$$

$$= \frac{|2.0000-1.9996|+|5.0000-5.0000|+|7.0000-7.0000|}{2.0000+5.0000+7.0000} = 3.3023\times10^{-5}$$

▪ 4회 반복계산의 상대오차가 오차한계보다 작으므로 계산을 종료한다.

근: $x_1 = 2,\ x_2 = 5,\ x_3 = 7$

2) 계산 순서

① 방정식의 계수행렬과 상수항벡터를 입력한다.

② 오차한계와 근의 초기치를 입력한다.

$$x_1^0,\ x_2^0,\ \cdots,\ x_n^0$$

③ 새로운 근사해를 계산한다.

$$x_i = \frac{1}{a_{ii}}\left\{b_i - \sum_{j=1}^{n} a_{ij}x_j\right\},\ (\mathrm{i}=1,2,\ldots,\mathrm{n};\ \ \mathrm{j}\neq\mathrm{i}) \tag{3.28}$$

④ 상대오차가 오차한계(eps) 이내이면 계산을 종료하고 x_i^k를 근으로 한다.

$$\frac{\sum_{i=1}^{n}|x_i^k - x_i^{k-1}|}{\sum_{i=1}^{n}|x_i^k|} < \mathrm{eps} \tag{3.29}$$

예제 3.6 ▸ 아래 연립방정식의 근을 가우스 자이달법으로 구하는 프로그램을 작성하여라. 수렴판정 오차한계는 1×10^{-4}, 초기 근사해는 모두 0으로 가정하여라.

$$10\,x_1 + x_2 + x_3 = 32$$

$$x_1 + 20\,x_2 + x_3 = 109$$

$$x_1 + x_2 + 30\,x_3 = 217$$

예제 3.6 가우스 자이달법 프로그램

```
% === ex306.m: Gauss Seidal method ========
% ---- Data input --------
A=[10 1 1; 1 20 1; 1 1 30];       % 계수 행렬
B=[32; 109; 217];                 % 상수항 벡터
eps=1.0e-4;                       % 오차한계
X=[0; 0; 0];                      % 근의 초기치
n=length(X);                      % 근의 갯수
% ---- Iterations -------
accuracy=1.;                      % 상대오차 초기치
itn=0;                            % 반복계산 횟수 초기치
while (accuracy > eps)  &  (itn < 100)
   itn=itn+1
   son=0.; mom=0.;
    for i=1:n
       dummy = 0.;
     for j=1:n
        if i == j
          dummy = dummy;
        else
          dummy = dummy + A(i,j)*X(j);
        end
     end
      xnew = (B(i) - dummy)/A(i,i);
      son=son+abs(xnew-X(i));
      mom=mom+abs(xnew);
      X(i)=xnew;
```

```
end
  accuracy = son/mom                    % 상대오차
 end                                    % End of while loop
% ---- Roots ----
X
% === end of ex306.m =======================
```

예제 3.6 프로그램 실행결과

```
?ex306

itn =
     1

accuracy =
     1

itn =
     2

accuracy =
    0.1116

itn =
     3

accuracy =
    0.0020

itn =
     4

accuracy =
  3.3023e-005

X =
    2.0000
    5.0000
    7.0000
```

3.5 SOR(Successive Over Relaxation)법

1) 원리

SOR법은 수렴속도를 향상시키기 위하여 가우스 자이달법에 현재의 근사해를 대입하여 새로운 근사해를 구할 때, 중간 단계의 근에 가중계수를 적용하는 방법이다.

$$x_i^k = w\ x_i^k + (1-w)\ x_i^{k-1} \tag{3.30}$$

식 (3.30)에서 w는 가중계수(weighting factor), k는 계산단계를 나타내는 위첨자이다. $w=1$이면 가우스 자이달법과 일치함을 알 수 있다. $1< w<2$의 범위에서 가중계수를 적절히 선정하는 것을 Over Relaxation이라고 하며 가우스 자이달법에 비하여 수렴속도를 향상시킬 수 있다.

역으로 $0< w<1$ 범위에서 가중계수를 선정하면 수렴속도를 완화시키게 된다. 이것을 Under Relaxation 이라고 하며 진동 또는 발산이 예상되는 경우에 적용한다.

2) 계산 순서

① 방정식의 계수행렬과 상수항벡터를 입력한다.

② 가중계수 w, 오차한계 eps, 근의 초기치를 입력한다.

$$x_1^0,\ x_2^0,\ x_n^0$$

③ 새로운 근사해를 계산한다.

$$x_i = \frac{1}{a_{ii}}\left\{b_i - \sum_{j=1}^{n} a_{ij}x_j\right\},\ (\mathrm{i}=1,2,\ldots,\mathrm{n};\ \ \mathrm{j} \neq \mathrm{i}) \tag{3.31}$$

$$x_1^k = w\ x_i^k + (1+w)\ x_i^{k-1} \tag{3.32}$$

④ 상대오차가 오차한계 이내이면 계산을 종료하고 x_i^k를 근으로 한다.

$$\frac{\sum_{i=1}^{n}|x_i^k - x_i^{k-1}|}{\sum_{i=1}^{n}|x_i^k|} < \text{eps} \tag{3.33}$$

예제 3.7 ▸ 아래 연립방정식의 근을 SOR법으로 구하는 프로그램을 작성하여라. 수렴판정 오차한계는 1×10^{-6}, 초기 근사해는 $x_1^0 = 1$, $x_2^0 = 2$, $x_3^0 = 4$로 가정하여 가우스 자이달법과 수렴속도를 비교하여라.

$$4x_1 - 5x_3 = 3$$

$$x_1 + 2x_2 - x_3 = 9$$

$$2x_1 + x_2 - 3x_3 = 5$$

예제 3.7 SOR법 프로그램

```
% === ex307.m: SOR method ================
% ---- Data input --------
A=[4 0 -5; 1 2 -1; 2 1 -3];          % 계수 행렬
B=[3; 9; 5];                         % 상수항 벡터
w=input('Weighting factor= ');
eps=1.0e-6;                          % 오차한계
X=[1; 2; 4];                         % 근의 초기치
n=length(X);                         % 근의 갯수
% ---- Iterations -------
accuracy=1.; itn=0;
while (accuracy > eps)  &  ( itn < 1000)
   itn=itn+1
   son=0.; mom=0.;
    for i=1:n
       dummy = 0.;
     for j=1:n
        if i == j
          dummy = dummy;
        else
          dummy = dummy + A(i,j)*X(j);
  end
```

```
        end
         xnew = (B(i) - dummy)/A(i,i);
         xnew = w*xnew + (1-w)*X(i);    % SOR only
         son=son+abs(xnew-X(i));
         mom=mom+abs(xnew);
         X(i)=xnew;
     end
     accuracy = son/mom                    %상대오차
    end % End of while loop
    % ---- Roots ----
    X
   % === end of ex307.m ========================
```

예제 3.7 프로그램 실행결과 및 가우스 자이달법과 비교

- 근: $x_1 = 2$, $x_2 = 4$, $x_3 = 1$
- 반복계산 횟수 비교

가우스 자이달법	S.O.R.				
	$w = 1.0$	$w = 1.1$	$w = 1.2$	$w = 1.3$	$w = 1.4$
55	55	46	39	32	25

예제 3.7의 계산결과를 가우스 자이달법과 비교하여 보면 가중계수가 증가함에 따라 계산횟수가 감소함을 알 수 있다. 그러나 가중계수가 지나치게 커지면 해가 수렴하지 않고 발산하므로 주의해야 한다.

3.6 역행렬법(Matrix Inversion Method)

1) 원리

계수행렬의 역행렬을 구한 다음, 역행렬과 상수항벡터의 곱셈에 의하여 근을 구하는 방법이다. 이 방법의 장점은 반복계산에 의하지 않고 직접적으로 근을 구할 수 있다는 것이다. 계수행렬을 A, 근벡터를 x, 상수항벡터를 b라고 하였을 때 연립방정식은 식 (3.34)와 같이 표현된다.

$$\mathrm{A\,x} = \mathrm{b} \tag{3.34}$$

계수행렬의 역행렬을 A^{-1}로 표시하고 식 (3.34)의 양변에 역행렬을 곱하면:

$$A^{-1}(A\,x) = A^{-1}b \tag{3.35}$$
$$(A^{-1}A)x = A^{-1}b$$

식 (3.35)의 좌변에서 계수행렬과 그 역행렬의 곱은 단위행렬이 되므로:

$$x = A^{-1}b \tag{3.36}$$

즉, 근벡터는 계수행렬의 역행렬과 상수항벡터의 곱이다.

2) 가우스 조르단법을 이용한 역행렬 계산

행렬 A와 곱하여진 결과가 단위행렬로 되는 어떤 행렬이 존재할 때, 이 행렬을 행렬 A의 역행렬이라고 하며 A^{-1}로 나타낸다. 단위행렬은 대각요소가 모두 '1'이고 다른 요소들은 모두 '0'인 정방행렬이다.

역행렬을 얻기 위하여 주어진 정방행렬과 같은 크기의 단위행렬을 만들어 이것을 주어진 행렬의 최종열 다음에 첨가하여 확대행렬을 구성한다. 확대행렬에서 기존 행렬 부분을 가우스 조르단법을 이용하여 단위행렬로 변환시키면 변환 전의 단위행렬부분은 역행렬로 변환된다.

표 3.8 가우스 조르단법을 이용한 역행렬 계산

① 계수행렬

$$A = \begin{bmatrix} a_{11} & a_{12} & a_{13} \\ a_{21} & a_{22} & a_{23} \\ a_{31} & a_{32} & a_{33} \end{bmatrix}$$

② 계수행렬과 같은 크기의 단위행렬

$$I = \begin{bmatrix} 1 & 0 & 0 \\ 0 & 1 & 0 \\ 0 & 0 & 1 \end{bmatrix}$$

③ 확대행렬 구성

$$A_0 = \begin{bmatrix} a_{11} & a_{12} & a_{13} & 1 & 0 & 0 \\ a_{21} & a_{22} & a_{23} & 0 & 1 & 0 \\ a_{31} & a_{32} & a_{33} & 0 & 0 & 1 \end{bmatrix}$$

④ 계수행렬 부분을 단위행렬로 변환

$$A_i = \begin{bmatrix} 1 & 0 & 0 & i_{11} & i_{12} & i_{13} \\ 0 & 1 & 0 & i_{21} & i_{22} & i_{23} \\ 0 & 0 & 1 & i_{31} & i_{32} & i_{33} \end{bmatrix}$$

▶ 단위행렬 부분이 역행렬로 변환됨

⑤ A 의 역행렬

$$A^{-1} = \begin{bmatrix} i_{11} & i_{12} & i_{13} \\ i_{21} & i_{22} & i_{23} \\ i_{31} & i_{32} & i_{33} \end{bmatrix}$$

표 3.8
가우스 조르단법을 이용한 역행렬 계산 (계속)

예제 3.8 가우스 조르단법을 이용한 역행렬 프로그램

```
% === ex308.m: Inverse Matrix by Gauss Jordan ======
clear
% A: matrix to be inverted, I: unit matrix
% Au: augmented matrix, Ai: inverse matrix of A
% ------ Matrix to be inverted ------
A=[2 1 -3; 4 1 -2; 3 2 -1];
n=length(A);
% ------ Unit matrix ----
I=zeros(n,n); % or I=zeros(n)
for i=1:n
   for j=1:n
      if i==j
         I(i,i)=1.;
      end
   end
end
% ------ Augmented matrix ---
Au=zeros(n,2*n);
for i=1:n
   for j=1:n
```

예제 3.9 ▸ 다음 연립방정식의 근을 역행렬법을 이용하여 구하는 프로그램을 작성하여라.

$$2x_1 + x_2 - 3x_3 = 1$$

$$4x_1 + x_2 - 2x_3 = 4$$

$$3x_1 + 2x_2 - x_3 = 6$$

예제 3.9 역행렬법 프로그램

```
% === ex309.m: Inverse Matrix method ==============
% A: coefficient matrix, B: constant vector; , I: unit matrix
% Au: augmented matrix, Ai: inverse matrix of A
% ***** Input coefficient matrix & constant vecor *****
A=[2 1 -3; 4 1 -2; 3 2 -1];
B=[1; 4; 6];
n=length(A);
% ******* Pivoting ******************************
for k=1:n-1
    j=k;
    for i=k+1:n
        if abs(A(j,k)) < abs(A(i,k))
            j=i;
        end
    end
        if j ~= k
            for i=1:n
                temp=A(k,i);
                A(k,i)=A(j,i);
                A(j,i)=temp;
             end
             tempB=B(k);
             B(k)=B(j);
             B(j)=tempB;
        end
end
% ****** Inversion of the matrix ******************
```

```
% ------ Normalizing & Elimination -------
for i=1:n
    pivot=Au(i,i);
    for j=1:2*n
        Au(i,j)=Au(i,j)/pivot;
    end
    for k=1:n
        D=Au(k,i);
        for j=1:2*n
             if k ~= i
                Au(k,j)=Au(k,j)-Au(i,j)*D;
             end
        end
    end
end
% ---- Inverse Matrix -----
Ai=zeros(n,n);
for j=1:n
   Ai(:,j)=Au(:,n+j);
end
% ****** Roots vector *************************
X=zeros(n,1);
for i=1:n
    sum=0;
   for j=1:n
      sum=sum + Ai(i,j)*B(j);
   end
X(i)=sum;
end
fprintf('Roots:'); X
% ====== end of ex309.m =========================
```

예제 3.9 프로그램 실행결과

```
?ex309

Roots:
X =
    1.0000
    2.0000
    1.0000
```

다른 방법 ▸

위의 프로그램에서 계수행렬과 상수항 벡터를 피벗팅하는 부분과 역행렬을 구하는 부분을 각각 부 프로그램화 하여 [예제 3.10]과 같이 작성하는 것이 진보된 프로그램 기법이다. 아주 긴 프로그램일 경우에는 하나의 주 프로그램과 여러 종류의 부 프로그램으로 분리하여 전체 프로그램을 작성하고 주 프로그램에서는 데이터의 입력, 출력, 부 프로그램의 통제를 담당하고 실질적인 계산은 부 프로그램에서 이루어지도록 하는 편이 프로그램 관리 측면에서 매우 유리하다.

예제 3.10 ▸ [예제 3.9]를 주 프로그램과 부 프로그램으로 구분하여 작성하여라.

```
% === ex310.m: Main program using Inverse Matrix method ===
clear
% A: coefficient matrix, B: constant vector; , I: unit matrix
% Au: augmented matrix, Ai: inverse matrix of A
% ***** Input coefficient matrix & constant vecor *****
A=[2 1 -3; 4 1 -2; 3 2 -1];
n=length(A);
B=[1; 4; 6];
% ******* Pivoting ********************************
[A, B] = pivot(A, B, n);        % Subloutine 1
% ****** Inversion of the matrix ******************
Ai = invM(A);                   % Subloutine 2
% ****** Roots vector **************************
```

```
X=zeros(n,1);
for i=1:n
    sum=0;
   for j=1:n
      sum=sum + Ai(i,j)*B(j);
   end
   X(i)=sum;
end
fprintf('Roots:'); X
% ====== End of Main Program ======================
```

예제 3.10 부 프로그램 1. (피벗팅)

```
% === Subloutine 1: Pivoting of the matrix and vector  =====
function [A, B] = pivot(A, B, n);
% A: matrix to be pivoted, n: length of matrix
% B: vector to be pivoted
for k=1:n-1
    j=k;
    for i=k+1:n
        if abs(A(j,k)) < abs(A(i,k))
            j=i;
        end
    end
        if j ~= k
            for i=1:n
                temp=A(k,i);
                A(k,i)=A(j,i);
                A(j,i)=temp;
             end
             tempB=B(k);
             B(k)=B(j);
             B(j)=tempB;
        end
end
% ====== End of Subroutine 1=======================
```

예제 3.10 부 프로그램 2. (역행렬)

```
% === Subloutine 2: Inverse Matrix by Gauss Jordan ====
function Ai = invM(A);
% A: matrix to be inverted, I: unit matrix
% Au: augmented matrix, Ai: inverse matrix of A
% ------ Matrix to be inverted ------
n=length(A);
% ------ Unit matrix ----
I=zeros(n,n); % or I=zeros(n)
for i=1:n
   for j=1:n
      if i==j
         I(i,i)=1.;
      end
   end
end
% ------ Augmented matrix ---
Au=zeros(n,2*n);
for i=1:n
   for j=1:n
      Au(i,j)=A(i,j);   % coefficient matrix
      Au(i,n+j)=I(i,j); % unit matrix
   end
end
% ------ Normalizing & Elimination -------
for i=1:n
    pivot=Au(i,i);
    for j=1:2*n
        Au(i,j)=Au(i,j)/pivot;
    end
    for k=1:n
        D=Au(k,i);
        for j=1:2*n
             if k ~= i
                Au(k,j)=Au(k,j)-Au(i,j)*D;
             end
        end
    end
end
```

```
% ---- Inverse Matrix -----
Ai=zeros(n,n);
for j=1:n
   Ai(:,j)=Au(:,n+j);
end
% ====== End of Subroutine 2 ========================
```

[예제 3.10] 프로그램 설명 ▸

- 주 프로그램에서 '[A, B] = pivot(A, B, n); % Subloutine 1' 부분은 등호의 좌변은 출력 변수, 우변은 부 프로그램의 파일명과 입력 변수를 나타낸다. 즉, 우변 괄호 속의 변수 A, B, n에 현재 할당된 값을 가지고 부 프로그램 'pivot'를 실행하여 그 결과의 A, B를 출력값에 되돌리는 명령문이다.
- 주 프로그램에서 'Ai = invM(A); % Subloutine 2' 부분은 변수 A에 할당된 값을 가지고 부 프로그램 'invM'을 실행하여 그 결과를 'Ai' 값에 되돌려준다.
- 부 프로그램의 첫 실행문은 반드시 'function'으로 시작되어져야 한다. 'function [A, B] = pivot(A, B, n);'에서 'function'은 사용자 정의 함수를 의미하며, 대괄호 '[ ]'는 출력 변수가 2 개 이상일 때 사용된다. 입·출력 변수들은 상수, 벡터, 행렬 등 모든 수가 사용 가능하다.
- [예제 3.10]프로그램이 실행되기 위해서는 주 프로그램 'ex310.m'과 2 개의 부 프로그램, 'pivot.m' 및 'invM.m'은 모두 동일 폴더 내에 존재해야 한다.

예제 3.10 프로그램 실행결과

```
?ex310

Roots:
X =
    1.0000
    2.0000
    1.0000
```

연습 문제

3.1 행렬 A, B가 다음과 같을 때 C = A + B, D = B − A, E = A × B를 각각 계산하여라.

$$A = \begin{bmatrix} 4 & -2 & 7 \\ 6 & 1 & 5 \\ -9 & 3 & 8 \end{bmatrix} \qquad B = \begin{bmatrix} 12 & -11 & 13 \\ 21 & 26 & 25 \\ 30 & 33 & 37 \end{bmatrix}$$

3.2 아래 연립방정식을 가우스 소거법으로 풀이하여라.

$$y + 2z = 11$$

$$2x + y + 3z = 19$$

$$x + y + z = 9$$

3.3 아래 연립방정식을 가우스 조르단법으로 풀이하여라.

$$x + y + z = 6$$

$$2x + y - z = 1$$

$$x - 2y + 3z = 6$$

3.4 아래 연립방정식을 가우스 자이달법으로 풀이하여라. 수렴 판정은 상대오차 1×10^{-7} 이하이다.

$$\begin{bmatrix} 10 & 1 & -1 \\ 3 & 20 & -6 \\ 1 & -5 & 30 \end{bmatrix} \begin{pmatrix} x_1 \\ x_2 \\ x_3 \end{pmatrix} = \begin{pmatrix} 35 \\ 137 \\ 28 \end{pmatrix}$$

3.5 문제 3.4의 연립방정식을 SOR법으로 풀이하여 가중계수에 따른 수렴속도를 평가하여라.

3.6 가우스 조르단법에 의하여 계수행렬의 역행렬을 구하고 역행렬법에 의하여 아래 연립방정식을 풀이하여라.

$$\begin{bmatrix} 2 & -1 & 0 \\ -1 & 2 & -1 \\ 0 & -1 & 2 \end{bmatrix} \begin{pmatrix} x_1 \\ x_2 \\ x_3 \end{pmatrix} = \begin{pmatrix} 1 \\ 2 \\ 3 \end{pmatrix}$$

4 장

수치 보간법

보간법이란 불연속적으로 주어진 데이터 점들을 이용하여 그 점들 사이의 값을 추정하는 방법의 한 종류로서, 주어진 데이터 값이 매우 정밀한 경우에 적용하는 방법이다.

보간법의 절차는 두 단계이다. 먼저 주어진 데이터 점들을 모두 지나는 추정 함수(estimated function)를 구한다. 다음에는 추정 함수를 이용하여 알고자 하는 함수 값을 계산한다. 즉, 추정 함수에 독립 변수의 값을 대입하여 데이터 값이 주어져있지 않은 점의 함수 값을 계산한다.

주로 다항식으로써 추정함수를 결정하는데, 주어진 데이터 점들의 수에 따라 다항식의 차수가 결정된다. 가장 단순한 형태는 데이터 점이 2 개 주어져 있을 때, 추정함수는 두 점을 모두 지나는 최저 차수의 다항식인 1차식이 된다. 데이터 점이 3 개 주어져 있을 때, 3 점을 모두 지나는 가장 간단한 다항식은 2차식이 되고 데이터 점이 4 개 주어져 있을 때 추정함수는 3차 다항식이 된다. 일반적으로 n+1 개의 데이터 점이 주어져 있을 경우에 추정 함수는 n차 다항식이 된다.

4.1 Newton 보간법

1) 선형 보간(Linear interpolation)

Newton 보간의 가장 간단한 경우로서 추정 함수는 1차 다항식이 된다.

- 주어진 2 개의 점을 직선으로 연결하여 추정 함수를 구한다.
- 선형 보간의 원리

[그림 4.1]에서 2 개의 데이터 점A(x_1,y_1), B(x_2,y_2)이 주어져 있을 때 추정 함수를 구하고 x_1과 x_2 사이의 임의 x에 대한 추정 함수$F_1(x)$를 구하는 방법을 생각해보자.

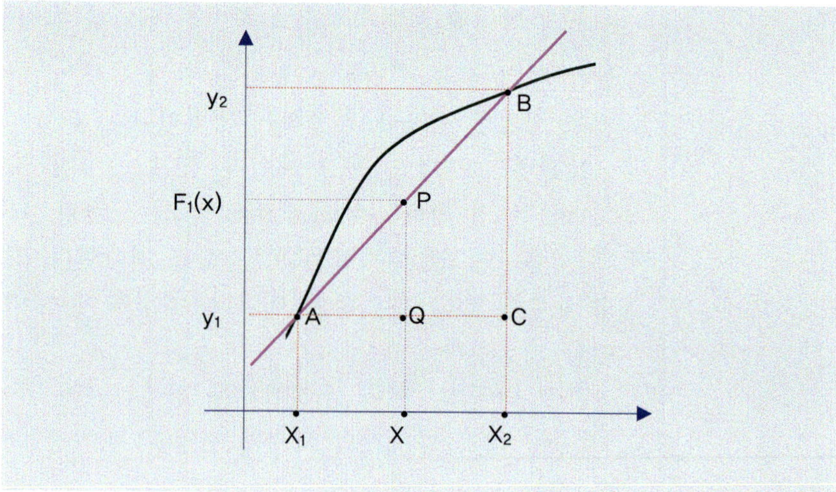

그림 4.1 선형 보간

[그림 4.1]에서 △ABC와 △APQ는 닮은꼴이므로

$$\frac{\overline{BC}}{\overline{AC}} = \frac{\overline{PQ}}{\overline{AQ}} \tag{4.1}$$

$$\frac{y_2 - y_1}{x_2 - x_1} = \frac{F_1(x) - y_1}{x - x_1} \tag{4.2}$$

위 식을 $F_1(x)$에 대하여 정리하여 1차 보간의 추정 함수를 구한다.

$$F_1(x) = y_1 + \frac{y_2 - y_1}{x_2 - x_1}(x - x_1) \tag{4.3}$$

예제 4.1 ▸ 포화증기의 비체적은 온도의 함수이다. 온도와 비체적의 데이터가 다음과 같이 주어져 있을 때 74℃에서의 비체적을 구하여라.

온도 [℃]	비체적 [㎥/kg]
70	5.0422
80	3.4072

풀 이

식 (4.3) 이용 $x_1 \leftarrow 70$, $x_2 \leftarrow 80$

$y_1 \leftarrow 5.0422$, $y_2 \leftarrow 3.4072$ 각각 대입하면:

$$F_1(x) = y_1 + \frac{y_2 - y_1}{x_2 - x_1}(x - x_1)$$

$$= 5.0422 + \frac{3.4072 - 5.0422}{80 - 70}(x - 70)$$

$$= 5.0422 - 0.1635(x - 70)$$

구해진 추정 함수에서 $x = 74$를 대입하면:

$$F_1(x) = 5.0422 - 0.1635(x - 70)$$

$$F_1(74) = 5.0422 - 0.1635(74 - 70)$$

$$= 4.3882$$

∴ 74℃에서 포화증기의 비체적: 4.3882㎥/kg

2 개의 데이터 점 (x_1, y_1), (x_2, y_2)가 주어져 있을 때

(단, $x_1 < x_2$)

1차 보간 함수: $F_1(x) = b_0 + b_1(x - x_1)$

$$b_0 = y_1,\ b_1 = \frac{y_2 - y_1}{x_2 - x_1}$$

표 4.1
Newton의 1차 보간

2) 2차 보간(Quadratic interpolation)

보다 정확한 보간을 위해 주어진 3 개의 데이터 점들을 2차식의 곡선으로 연결하여 추정 함수를 구하는 방법이다.

- 3 개의 점 $A(x_1,y_1)$, $B(x_2,y_2)$, $C(x_3,y_3)$를 지나는 함수(2차식):

$$F_2(x) = b_0 + b_1(x - x_1) + b_2(x - x_1)(x - x_2) \tag{4.4}$$

단, $x_1 < x_2 < x_3$

전개하여 오름차순으로 정리하면

$$F_2(x) = b_0 + b_1x - b_1x_1 + b_2x^2 - b_2x_1x - b_2x_2x + b_2x_1x_2 \tag{4.5}$$

$$= (b_0 - b_1 x_1 + b_2 x_1 x_2) + (b_1 - b_2 x_1 - b_2 x_2)x - (b_2)x^2$$

2차식의 일반꼴:

$$F_2(x) = a_0 + a_1 x + a_2 x^2 \tag{4.6}$$

식 (4.4) = 식 (4.6)이므로 두 식 사이에 동류항의 계수가 각각 같아야 한다.

$$a_0 = b_0 - b_1 x_1 + b_2 x_1 x_2 \tag{4.7}$$

$$a_1 = b_1 - b_2 x_1 - b_2 x_2$$

$$a_2 = b_2$$

주어진 3점의 데이터를 이용하여 b_0, b_1, b_2를 구하여 2차 다항식의 추정 함수를 결정한다. 또한, 식 (4.7)의 관계를 이용하여 추정 함수를 식 (4.6)으로 나타낼 수 도 있다.
추정 함수 $F_2(x)$의 그래프는 주어진 데이터 점들을 모두 지나야 하므로 다음 관계가 성립한다.

$$F_2(x_1) = y_1,\ F_2(x_2) = y_2, F_2(x_3) = y_3 \tag{4.8}$$

● b_0, b_1, b_2 결정하기

식 (4.4)의 x에 x_1를 대입하면

$$F_2(x_1) = b_0 + b_1(x_1 - x_1) + b_2(x_1 - x_1)(x_1 - x_2) = b_0$$

식 (4.8)에서
$F_2(x_1) = y_1$이므로

$$b_0 = y_1 \tag{4.9}$$

식 (4.4)에 식 (4.9)를 적용하고 x 에 x_2을 대입하면

$$F_2(x_2) = y_1 + b_1(x_2 - x_1) + b_2(x_2 - x_1)(x_2 - x_2) = y_1 + b_1(x_2 - x_1)$$

식 (4.8)에서

$F_2(x_2) = y_2$이므로

$$y_1 + b_1(x_2 - x_1) = y_2 \tag{4.10}$$

$$b_1 = \frac{y_2 - y_1}{x_2 - x_1} \tag{4.11}$$

식 (4.4)에 식 (4.9)를 적용하고 x 에 x_3를 대입하면

$$F_2(x_3) = y_1 + \frac{y_2 - y_1}{x_2 - x_1}(x_3 - x_1) + b_2(x_3 - x_1)(x_3 - x_2) \tag{4.12}$$

식 (4.8)에서

$F_2(x_3) = y_3$이므로

$$y_1 + \frac{y_2 - y_1}{x_2 - x_1}(x_3 - x_1) + b_2(x_3 - x_1)(x_3 - x_2) = y_3 \tag{4.13}$$

$$b_2 = \frac{y_3 - y_1}{(x_3 - x_1)(x_3 - x_2)} - \frac{y_2 - y_1}{x_2 - x_1} \cdot \frac{1}{x_3 - x_2}$$

$$= \frac{\dfrac{y_3 - y_1}{x_3 - x_2} - \dfrac{y_2 - y_1}{x_2 - x_1} \cdot \dfrac{x_3 - x_1}{x_3 - x_2}}{x_3 - x_1}$$

$$= \frac{\dfrac{y_3 - y_2}{x_3 - x_2} + \dfrac{y_2 - y_1}{x_3 - x_2} - \dfrac{y_2 - y_1}{x_2 - x_1} \cdot \dfrac{x_3 - x_1}{x_3 - x_2}}{x_3 - x_1}$$

$$= \frac{\dfrac{y_3 - y_2}{x_3 - x_2} - \dfrac{y_2 - y_1}{x_2 - x_1}\left[\dfrac{x_3 - x_1}{x_3 - x_2} - \dfrac{x_2 - x_1}{x_3 - x_2}\right]}{x_3 - x_1}$$

$$\therefore b_2 = \frac{\dfrac{y_3 - y_2}{x_3 - x_2} - \dfrac{y_2 - y_1}{x_2 - x_1}}{x_3 - x_1} \tag{4.14}$$

예제 4.2 ▸ 3 개의 데이터 점 (4, 1.3863), (1, 0), (6, 1.7918)을 이용하여 2차 보간 함수를 구하고 x = 2에 대한 추정치를 구하여라.

풀 이

$x_1 < x_2 < x_3$이어야 하므로 다음과 같이 데이터 점의 기호를 정한다.

$x_1 = 1 \quad y_1 = 0$

$x_2 = 4 \quad y_2 = 1.3863$

$x_3 = 6 \quad y_3 = 1.7918$

2차 보간 함수를 $F_2(x) = b_0 + b_1(x - x_1) + b_2(x - x_1)(x - x_2)$로 두면

식 (4.9)에서

$$b_0 = y_1 = 0$$

식 (4.11)에서

$$b_1 = \frac{y_2 - y_1}{x_2 - x_1} = \frac{1.3863 - 0}{4 - 1} = 0.4621$$

식 (4.14)에서

$$b_2 = \frac{\dfrac{y_3 - y_2}{x_3 - x_2} - \dfrac{y_2 - y_1}{x_2 - x_1}}{x_3 - x_1} = \frac{\dfrac{1.7918 - 1.3863}{6 - 4} - 0.4621}{6 - 1} = -0.0519$$

$\therefore F_2(x) = 0.4621(x - 1) - 0.0519(x - 1)(x - 4)$ ▸ 2차 보간 함수

$x = 2$에 대한 추정치

$$F_2(2) = 0.4621(2 - 1) - 0.0519(2 - 1)(2 - 4) = 0.5658$$

표 4.2
Newton의 2차 보간

3 개의 데이터 점 (x_1,y_1), (x_2,y_2), (x_3,y_3)이 주어져 있을 때
(단, $x_1 < x_2 < x_3$)
2차 보간 함수: $F_2(x) = b_0 + b_1(x - x_1) + b_2(x - x_1)(x - x_2)$

$$b_0 = y_1,\ b_1 = \frac{y_2 - y_1}{x_2 - x_1},\ b_2 = \frac{\frac{y_3 - y_2}{x_3 - x_2} - \frac{y_2 - y_1}{x_2 - x_1}}{x_3 - x_1}$$

3) Newton 보간법의 일반 형태

(n+1) 개의 data 점이 주어질 때 n차 다항식은 다음과 같 표현될 수 있다.

$$F_n(x) = b_0 + b_1(x - x_1) + \ldots\ldots + b_n(x - x_1)(x - x_2)\ldots(x - x_n) \quad (4.15)$$

$$b_0 = y_1$$

$$b_1 = f[x_2,x_1]$$

$$b_2 = f[x_3,x_2,x_1]$$

$$\vdots$$

$$b_n = f[x_{n+1},x_n,\ldots,x_2,x_1]$$

여기서 함수 f[ ]는 각계의 차분식을 나타낸다. 예를 들면,

- 1계 차분: $f[x_2,x_1] = \frac{y_2 - y_1}{x_2 - x_1},\ f[x_3,x_2] = \frac{y_3 - y_2}{x_3 - x_2},\ \ldots$ (4.16)

- 2계 차분: $f[x_3,x_2,x_1] = \frac{f[x_3,x_2] - f[x_2,x_1]}{x_3 - x_1}$ (4.17)

- 3계 차분: $f[x_4,x_3,x_2,x_1] = \frac{f[x_4,x_3,x_2] - f[x_3,x_2,x_1]}{x_4 - x_1}$ (4.18)

…

- n계 차분:

$$f[x_{n+1},x_n,\ldots,x_2,x_1] = \frac{f[x_{n+1},x_n,\ldots,x_2] - f[x_n,x_{n-1},\ldots,x_1]}{x_{n+1} - x_1} \quad (4.19)$$

차분식을 사용하여 Newton의 보간다항식을 표현하면:

$$F_n(x) = y_1 + f[x_2,x_1](x-x_1) + f[x_3,x_2,x_1](x-x_1)(x-x_2) + \quad (4.20)$$
$$\ldots\ldots + f[x_{n+1},x_n,\ldots,x_1](x-x_1)(x-x_2)\ldots(x-x_n)$$

고계 차분이 저계 차분으로 이루어져 있으므로 [표 4.3]의 대각 차분표를 이용하여 차분을 용이하게 계산할 수 있다.

표 4.3
대각차분표

i	x_i	y_i	first	second	third
1	x_1	y_1	$f[x_2,x_1]$	$f[x_3,x_2,x_1]$	$f[x_4,x_3,x_2,x_1]$
2	x_2	y_2	$f[x_3,x_2]$	$f[x_4,x_3,x_2]$	
3	x_3	y_3	$f[x_4,x_3]$		
4	x_4	y_4			

예제 4.3 ▸ 데이터 점이 다음과 같을 때 Newton의 차분 보간다항식과 $x = 2$에 대한 추정치를 구하여라.

x_i	y_i
$x_1 = 1$	$y_1 = 0$
$x_2 = 4$	$y_2 = 1.3863$
$x_3 = 5$	$y_3 = 1.6094$
$x_4 = 6$	$y_4 = 1.7918$

풀 이

4개의 점이므로 3차 Newton 보간다항식을 사용 (n=3)

$$F_3(x) =$$
$$b_0 + b_1(x-x_1) + b_2(x-x_1)(x-x_2) + b_3(x-x_1)(x-x_2)(x-x_3)$$

▪ 1계 차분

$$f[x_2,x_1] = \frac{y_2 - y_1}{x_2 - x_1} = \frac{1.3863 - 0}{4 - 1} = 0.4621$$

$$f[x_3,x_2] = \frac{y_3 - y_2}{x_3 - x_2} = \frac{1.6094 - 1.3863}{5 - 4} = 0.2231$$

$$f[x_4,x_3] = \frac{y_4 - y_3}{x_4 - x_3} = \frac{1.7918 - 1.6094}{6 - 5} = 0.1824$$

▪ 2계 차분

$$f[x_3,x_2,x_1] = \frac{f[x_3,x_2] - f[x_2,x_1]}{x_3 - x_1} = \frac{0.2231 - 0.4621}{5 - 1} = -0.0598$$

$$f[x_4,x_3,x_2] = \frac{f[x_4,x_3] - f[x_3,x_2]}{x_4 - x_2} = \frac{0.1824 - 0.2231}{6 - 4} = -0.0204$$

▪ 3계 차분

$$f[x_4,x_3,x_2,x_1] = \frac{f[x_4,x_3,x_2] - f[x_3,x_2,x_1]}{x_4 - x_1}$$

$$= \frac{(-0.0204) - (-0.0598)}{6 - 1} = 0.0079$$

$b_0 = y_1 = 0$

$b_1 = f[x_2,x_1] = 0.4621$

$b_2 = f[x_3,x_2,x_1] = -0.0598$

$b_3 = f[x_4,x_3,x_2,x_1] = 0.0079$

구하는 3차 보간다항식:

$F_3(x) = 0 + 0.4621(x-1) - 0.0598(x-1)(x-4)$

$+ 0.0079(x-1)(x-4)(x-5)$

$x = 2$에 대한 추정치: $F_3(2) = 0.6289$

4) 프로그램 순서

① 데이터 점의 개수를 입력한다.

② 데이터를 입력한다.

③ 대각차분표를 구성한다.

④ 함수 값을 알고자 하는 독립 변수의 값을 입력한다.

⑤ 보간다항식을 결정하고 함수 값을 계산한다.

예제 4.4 ▸ 대각차분표를 이용한 Newton 보간법 프로그램을 작성하여 예제 4.3의 해를 구하라

예제 4.4 Newton 보간법 프로그램

```
% === ex404.m: Newton's interpolation =====
clear
% --- variables ----
% D: 2-D array for Newton's interpolation table
% m: number of data points
% x: specific value of independent variable
% Fx: estimated value of dependent variable
% --- input data points ---
m=input('Number of data points= ');
% --- Newton interpolation table ---
D=zeros(m,m+1);
for i=1:m
   i
   D(i,1)=input('x=');
   D(i,2)=input('y=');
end
for j=3:m+1
   for i=1:m+2-j
      D(i,j)=(D(i+1,j-1)-D(i,j-1))/(D(i+j-2,1)-D(i,1));
   end
end
fprintf('\n Newton Interpolation Table'); D
% --- estimated function ---
x=input('Specific x=');
Fx=0; xd=1;
for j=2:m+1
   Fx=Fx+xd*D(1,j);
   xd=xd*(x-D(j-1,1));
end
fprintf('estimated value:'); Fx
% === end of ex404.m ========================
```

예제 4.4 프로그램 실행결과

```
?ex404
Number of data points= 4

i =
     1


x=1
y=0

i =
     2


x=4
y=1.3863

i =
     3


x=5
y=1.6094

i =
     4


x=6
y=1.7918

Newton Interpolation Table
D =

    1.0000         0    0.4621   -0.0598    0.0079
    4.0000    1.3863    0.2231   -0.0203         0
    5.0000    1.6094    0.1824         0         0
    6.0000    1.7918         0         0         0

Specific x=2
estimated value:
Fx =
    0.6289
```

4.2 Lagrange 보간법

1) 원리

Lagrange 보간다항식은 Newton의 다항식을 재구성하여 차분을 계산하지 않아도 보간다항식을 구할 수 있도록 한 것이다. 예로서 Newton의 선형 보간을 Lgrange 선형 보간으로 변환하는 과정을 아래에 설명한다.

Newton의 선형 보간식:

$$F_1(x) = y_1 + f[x_2, x_1](x - x_1) \tag{4.21}$$

차분식:

$$f[x_2, x_1] = \frac{y_2 - y_1}{x_2 - x_1} = \frac{y_2}{x_2 - x_1} + \frac{y_1}{x_1 - x_2} \tag{4.22}$$

식 (4.22)를 식 (4.21)에 대입하면,

$$F_1(x) = y_1 + \left[\frac{y_2}{x_2 - x_1} + \frac{y_1}{x_1 - x_2}\right](x - x_1) = \frac{x - x_1}{x_2 - x_1}y_2 + \frac{x - x_1}{x_1 - x_2}y_1$$

여기에서 구하는 Lagrange 선형 보간식은:

$$F_1(x) = \frac{x - x_2}{x_1 - x_2}y_1 + \frac{x - x_1}{x_2 - x_1}y_2 \tag{4.23}$$

일반적인 경우에 (n+1) 개의 데이터점 $(x_1,y_1),(x_2,y_2),\ldots,(x_{n+1},y_{n+1})$ 통과하는 다항식에 대한 n차의 Lagrange 선형 보간식은 다음과 같다.

$$F_n(x) = \sum_{i=1}^{n+1} L_i(x) y_i \tag{4.24}$$

단,

$$L_i(x) = \frac{(x - x_1)(x - x_2)\ldots(x - x_{i-1})(x - x_{i+1})\ldots(x - x_{n+1})}{(x_i - x_1)(x_i - x_2)\ldots(x_i - x_{i-1})(x_i - x_{i+1})\ldots(x_i - x_{n+1})}$$

$$= \prod_{\substack{j=1 \\ j \neq i}}^{n+1} \left[\frac{x - x_j}{x_i - x_j} \right] \tag{4.25}$$

식 (4.24), 식 (4.25)의 적용 예를 [예제 4.5]에 나타내었다.

예제 4.5 ▸ 선형 보간 및 2차 보간에 대한 Lagrange 보간다항식을 전개하여라.

•선형 보간 (n=1)

$$F_1(x) = \sum_{i=1}^{2} L_i(x) y_i = L_1(x) y_1 + L_2(x) y_2$$

$$= \frac{x - x_2}{x_1 - x_2} y_1 + \frac{x - x_1}{x_2 - x_1} y_2$$

•2차 보간 (n=2)

$$F_2(x) = \sum_{i=1}^{3} L_i(x) y_i = L_1(x) y_1 + L_2(x) y_2 + L_3(x) y_3$$

$$= \frac{(x - x_2)(x - x_3)}{(x_1 - x_2)(x_1 - x_3)} y_1 + \frac{(x - x_1)(x - x_3)}{(x_2 - x_1)(x_2 - x_3)} y_2 + \frac{(x - x_1)(x - x_2)}{(x_3 - x_1)(x_3 - x_2)} y_3$$

2) 프로그램 순서

① 데이터 점의 개수와 데이터를 입력한다.
② 함수 값을 알고자 하는 독립 변수의 값을 입력한다.
③ Lagrange 다항식을 구성한다.
④ 원하는 독립 변수에 대한 함수 값을 계산한다.

예제 4.6 ▸ Lagrange 보간법 프로그램을 작성하여 예제 4.3의 해를 구하여라.

예제 4.6 Lagrange 보간법 프로그램

```
% === ex406.m: Lagrange interpolation =====
clear
% --- variables ----
% np1: number of data points
% X, Y: 1-D array for input data
% x: specific value of independent variable
% L: 1-D array for Lagrange polynomials
% Fx: estimated value of dependent variable
% --- input data points ---
np1=input('Number of data points= ');
for i=1:np1
   i
   X(i)=input('x=');
   Y(i)=input('y=');
end
% --- Lagrange polynomials ---
fprintf('\n');
x=input('Specific x=');
for i=1:np1
   L(i)=1;
   for k=1:np1
      if i ~= k
         L(i)=L(i)*(x-X(k))/(X(i)-X(k));
      end
   end
end
% --- estimated value of the function ---
Fx=0.;
for i=1:np1
   Fx=Fx+L(i)*Y(i);
end
fprintf('Estimated value:'); Fx
% === end of ex406.m ========================
```

예제 4.6 프로그램 실행결과

```
?ex406
Number of data points= 4

i =

     1

x=1
y=0

i =

     2

x=4
y=1.3863

i =

     3

x=5
y=1.6094

i =

     4

x=6
y=1.7918

Specific x=2
Estimated value:
Fx =

    0.6289
```

연습 문제

4.1 포화수증기의 압력은 온도만의 함수이고 포화온도와 포화압력은 1:1 대응관계가 성립한다. 주어진 데이터를 이용하여 17℃에서의 포화압력을 Newton 선형 보간에 의하여 구하여라.

포화온도 [℃]	포화압력 [mmHg]
10	9.209
20	17.535

4.2 측정 데이터가 다음과 같을 때 Newton 3차 보간 다항식을 결정하고 $x = 2.101$에 대한 y의 추정값을 구하여라.

x	y
1.1	3.887
2.3	4.276
3.9	4.651
5.1	2.117

4.3 어떤 물질의 밀도가 다음과 같이 온도에 따라 다르게 나타날 때, 주어진 데이터를 이용하여 Lagrange 보간 다항식을 결정하고 251℃에서의 밀도를 구하여라.

온도 [℃]	밀도 [kg/㎥]
94	929
205	902
371	860

5 장

최소자승법

주어진 데이터 점들을 이용하여 그 점들 사이의 값을 추정하는 방법을 곡선적합(curve fitting)이라고 하며 그 방법에는 보간법과 최소자승법이 있다. 두 방법의 차이는 추정함수를 구함에 있어서 보간법은 주어진 데이터 점들을 모두 지나는 함수를 구하는 것에 비하여, 최소자승법은 전체 데이터의 일반적 경향을 나타내는 함수를 구하는 것이다. 데이터 포인트들의 수가 많고 데이터에 오차나 노이즈를 포함하고 있는 경우에 데이터 포인트들을 가장 가깝게 통과하는 직선 또는 완만한 곡선의 근사식을 결정하는 것이 최소자승법이다.

최소자승법은 직선 또는 곡선의 근사식에 따라 선형 회귀, 지수 곡선 회귀, 다항식 회귀, 다중 회귀, 타원 회귀 등으로 분류된다.

표 5.1 보간법과 최소자승법의 비교

	보간법	최소자승법
추정 함수 요건	데이터 포인트를 모두 지나는 함수	전체 데이터의 일반적 경향을 나타내는 함수
추정 함수 형태	다항식	다항식, 지수식, 다변수 함수
데이터 정밀도	높음	상대적으로 낮음
데이터 수	적음	많음

[그림 5.1]은 주어진 6 개의 데이터 포인트를 이용하여 보간법에 의해서는 5차 다항식으로, 최소자승법에 의해서는 1차식으로 각각 추정함수를 구한 예이다. [표 5.2]는 사용하는 추정함수에 따른 최소자승법의 종류를 나타낸 것이다.

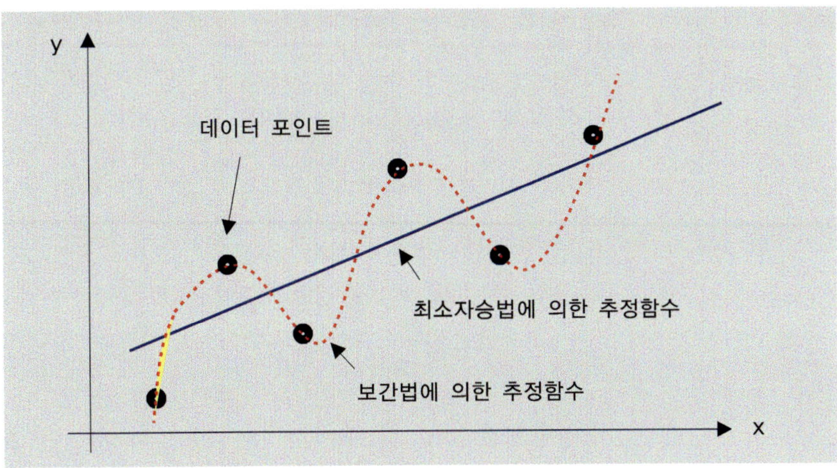

그림 5.1 보간법과 최소자승법의 도시적 비교

종류	추정함수	추정함수 예
선형 회귀	1차식	$y(x) = c_1 + c_2 x$
지수 곡선 회귀	지수식	$y(x) = a b^x$
다항식 회귀	고차 다항식	$y(x) = a_0 + a_1 x + a_2 x^2 + \dots + a_m x^m$
다중 회귀	다변수 함수	$z(x,y) = a + bx + cy$
타원 회귀	타원 방정식	$\frac{(x-x_0)^2}{\alpha^2} + \frac{(y-y_0)^2}{\beta^2} = 1$

표 5.2
최소자승법의 종류

5.1 선형 회귀(Linear Regression Analysis)

1) 원리

전체 데이터 포인트에 가장 적합한 직선식, 즉 전체 데이터의 경향을 나타내는, 오차가 최소인 1차 방정식을 구하는 것이다. 그 절차는 다음과 같다.

n 개의 데이터 포인트 $(x_1, f_1), (x_2, f_2), \dots, (x_n, f_n)$에 적합한 직선식 가정:

$$y(x) = c_1 + c_2 x \tag{5.1}$$

선형 회귀의 목표는 주어진 데이터를 이용하여 식 (5.1)의 계수 c_1, c_2를 구하는 것이다.

근사식에 x_1, x_2, ..., x_n 대입:

$$\begin{aligned} y(x_1) &= c_1 + c_2 x_1 \\ y(x_2) &= c_1 + c_2 x_2 \\ &\vdots \\ y(x_n) &= c_1 + c_2 x_n \end{aligned} \tag{5.2}$$

추정함수값 $y(x_i)$와 주어진 데이터 f_i의 차이를 오차 r_i로 간주하면:

$$
\begin{aligned}
r_1 &= y(x_1) - f_1 = c_1 + c_2 x_1 - f_1 \\
r_2 &= y(x_2) - f_2 = c_1 + c_2 x_2 - f_2 \\
&\vdots \\
r_n &= y(x_n) - f_n = c_1 + c_2 x_n - f_n
\end{aligned} \tag{5.3}
$$

오차를 제곱하면:

$$
\begin{aligned}
(r_1)^2 &= (c_1 + c_2 x_1 - f_1)^2 \\
(r_2)^2 &= (c_1 + c_2 x_2 - f_2)^2 \\
&\vdots \\
(r_n)^2 &= (c_1 + c_2 x_n - f_n)^2
\end{aligned} \tag{5.4}
$$

오차 제곱의 합을 S로 두면:

$$
S = \sum_{i=1}^{n} (r_i)^2 = \sum_{i=1}^{n} (c_1 + c_2 x_i - f_i)^2 \tag{5.5}
$$

여기서 S가 최소가 되는 조건은:

$$
\frac{\partial S}{\partial c_1} = 0, \qquad \frac{\partial S}{\partial c_2} = 0 \tag{5.6}
$$

식 (5.5)를 전개하여 표현하면:

$$
S = (c_1 + c_2 x_1 - f_1)^2 + (c_1 + c_2 x_2 - f_2)^2 + \dots + (c_1 + c_2 x_n - f_n)^2 \tag{5.7}
$$

편미분항을 구하면:

$$
\begin{aligned}
\frac{\partial S}{\partial c_1} &= 2(c_1 + c_2 x_1 - f_1) + 2(c_1 + c_2 x_2 - f_2) + \dots + 2(c_1 + c_2 x_n - f_n) \\
&= 2\left(nc_1 + c_2 \sum_{i=1}^{n} x_i - \sum_{i=1}^{n} f_i\right) = 0
\end{aligned} \tag{5.8}
$$

$$
\frac{\partial S}{\partial c_2} = 2(c_1 + c_2 x_1 - f_1)x_1 + 2(c_1 + c_2 x_2 - f_2)x_2 + \dots + 2(c_1 + c_2 x_n - f_n)x_n
$$

$$= 2\left(c_1 \sum_{i=1}^{n} x_i + c_2 \sum_{i=1}^{n} x_i^2 - \sum_{i=1}^{n} x_i f_i\right) = 0 \tag{5.9}$$

식 (5.8)과 식 (5.9) 로부터 c_1, c_2에 대한 2원 1차 연립방정식을 얻는다.

$$\begin{aligned} nc_1 + \left(\sum_{i=1}^{n} x_i\right)c_2 &= \sum_{i=1}^{n} f_i \\ \left(\sum_{i=1}^{n} x_i\right)c_1 + \left(\sum_{i=1}^{n} x_i^2\right)c_2 &= \sum_{i=1}^{n} x_i f_i \end{aligned} \tag{5.10}$$

Crammer 공식을 이용하여 다음과 같이 계수 c_1, c_2를 구한다.

$$c_1 = \frac{\begin{vmatrix} \sum f_i & \sum x_i \\ \sum x_i f_i & \sum x_i^2 \end{vmatrix}}{\begin{vmatrix} n & \sum x_i \\ \sum x_i & \sum x_i^2 \end{vmatrix}}, \quad c_2 = \frac{\begin{vmatrix} n & \sum f_i \\ \sum x_i & \sum x_i f_i \end{vmatrix}}{\begin{vmatrix} n & \sum x_i \\ \sum x_i & \sum x_i^2 \end{vmatrix}} \tag{5.11}$$

최종적으로 선형 회귀식을 결정한다.

$$y(x) = c_1 + c_2 x \tag{5.1}$$

예제 5.1 ▸ 실험결과 얻어진 아래의 데이터에 대하여 선형 회귀식을 구하여라.

x_i	f_i
2.0	54
2.5	49
3.0	45
3.5	40
4.0	35
4.5	32
5.0	28

풀 이

1) 식 (5.10)의 계수인 $\sum x_i, \sum f_i, \sum x_i f_i, \sum x_i^2$ 등을 구한다.

x_i	f_i	$x_i f_i$	x_i^2
2.0	54	108.0	4.00
2.5	49	122.5	6.25
3.0	45	135.0	9.00
3.5	40	140.0	12.25
4.0	35	140.0	16.00
4.5	32	144.0	20.25
5.0	28	140.0	25.00
$\sum x_i$=24.5	$\sum f_i$=283	$\sum x_i f_i$=929.5	$\sum x_i^2$=92.75

2) 식 (5.11)에 의하여 계수 c_1, c_2를 구한다.

$$c_1 = \frac{\begin{vmatrix} \sum f_i & \sum x_i \\ \sum x_i f_i & \sum x_i^2 \end{vmatrix}}{\begin{vmatrix} n & \sum x_i \\ \sum x_i & \sum x_i^2 \end{vmatrix}} = \frac{\begin{vmatrix} 283 & 24.5 \\ 929.5 & 92.75 \end{vmatrix}}{\begin{vmatrix} 7 & 24.5 \\ 24.5 & 92.75 \end{vmatrix}}$$

$$= \frac{283 \times 92.75 - 24.5 \times 929.5}{7 \times 92.75 - 24.5 \times 24.5} = 70.9286$$

$$c_2 = \frac{\begin{vmatrix} n & \sum f_i \\ \sum x_i & \sum x_i f_i \end{vmatrix}}{\begin{vmatrix} n & \sum x_i \\ \sum x_i & \sum x_i^2 \end{vmatrix}} = \frac{\begin{vmatrix} 7 & 24.5 \\ 283 & 929.5 \end{vmatrix}}{\begin{vmatrix} 7 & 24.5 \\ 24.5 & 92.75 \end{vmatrix}}$$

$$= \frac{7 \times 929.5 - 24.5 \times 283}{7 \times 92.75 - 24.5 \times 24.5} = -8.7143$$

3) 선형 회귀식을 결정한다.

$$y = 70.9286 - 8.7143x$$

2) 프로그램 순서

① 데이터 점의 개수와 데이터를 입력한다.
② 독립 변수와 측정치의 곱, 독립 변수의 제곱을 각 요소별로 계산한다.
③ 독립 변수의 합, 측정치의 합, 독립 변수와 측정치 곱의 합, 독립 변수 제곱의 합을 계산한다.
④ Cramer의 공식을 이용하여 계수 c_1, c_2를 구한다.

예제 5.2 ▸ 선형 회귀식을 구하는 프로그램을 작성하여 [예제 5.1]에 적용하여라.

예제 5.2 선형 회귀 프로그램

```
% === ex502.m: Linear regression =====
clear
% --- variables ----
% n: number of data points
% X, F: 1-D array for input data x, f
% XF, X2: 1-D array for xf, x^2
% c1, c2: coefficient of linear equation
% --- input data points ---
n=input('Number of data points= ');
for i=1:n
   i
   X(i)=input('x=');
   F(i)=input('f=');
end
% --- calculation of xf, x^2 ---
XF= X .* F;
X2= X .* X;
% --- sum of X, F, XF, X2 ---
sigX= sum(X);
sigF= sum(F);
sigXF= sum(XF);
sigX2= sum(X2);
```

```
% --- c1, c2 ---
c1=(sigF*sigX2-sigX*sigXF)/(n*sigX2-sigX*sigX);
c2=(n*sigXF-sigX*sigF)/(n*sigX2-sigX*sigX);
fprintf('Linear regression:')
fprintf('\n y=(%.4f)+(%.4f)x \n', c1, c2)
% === end of ex502.m ========================
```

프로그램 설명 ▸

- 제16행과 제17행에 사용된 '.*' 연산자는 각 요소별로 곱하라는 명령이다. 즉, 제16행은 X와 F의 모든 요소에 대하여 X의 (1, 1)요소와 F의 (1, 1)요소를 곱하여 XF의 (1, 1)요소에, X의 (1, 2)요소와 F의 (1, 2)요소를 곱하여 XF의 (1, 2)요소에 각각 할당하는 명령문이다. '.*' 연산자를 사용하기 위해서는 곱하는 배열의 크기가 서로 같아야 하며 곱해진 결과로 얻어진 새로운 배열의 크기도 이들의 크기와 같다.
- 제19행~제22행에 사용된 'sum' 문은 1차원 배열의 합을 구하라는 명령문이다.

예제 5.2 프로그램 실행결과

```
?ex502
Number of data points= 7


i =

     1

x=2
f=54


i =

     2

x=2.5
f=49


i =

     3
```

```
x=3
f=45

i =

     4

x=3.5
f=40

i =

     5

x=4
f=35

i =

     6

x=4.5
f=32

i =

     7

x=5
f=28

Linear regression:
 y=(70.9286)+(-8.7143)x
```

5.2 지수 곡선(Exponential Function)

1) 원리

전체 데이터의 경향을 나타내는, 오차가 최소인 지수 곡선식을 구하는 것이다. 그 절차는 다음과 같다.

n 개의 데이터 포인트 $(x_1, f_1), (x_2, f_2), \ldots, (x_n, f_n)$에 대하여 지수 곡선식 가정:

$$y(x) = a\,b^x \tag{5.12}$$

지수 곡선 회귀의 목표는 주어진 데이터를 이용하여 식 (5.12)의 계수 a, b를 구하는 것이다.

식 (5.12)의 양변에 자연대수를 취하면:

$$\ln y = \ln a + x \ln b \tag{5.13}$$

$Y = \ln y$, $A = \ln a$, $B = \ln b$로 치환하면:

$$Y = A + B\,x \quad (\text{근사값}) \tag{5.14}$$

데이터의 자연대수를 취하면:

$$\ln f = F \quad (\text{참값}) \tag{5.15}$$

'5.2 선형 회귀'의 절차에 따라 $|Y-F|$를 최소로 하는 A, B에 대하여 다음의 연립방정식을 얻는다.

$$nA + \left(\sum_{i=1}^{n} x_i\right)B = \sum_{i=1}^{n} F_i$$

$$\left(\sum_{i=1}^{n} x_i\right)A + \left(\sum_{i=1}^{n} x_i^2\right)B = \sum_{i=1}^{n} x_i\,F_i \tag{5.16}$$

Crammer 공식에 의하여 A,B를 구한다.

$$A = \frac{\begin{vmatrix} \Sigma F_i & \Sigma x_i \\ \Sigma x_i F_i & \Sigma x_i^2 \end{vmatrix}}{\begin{vmatrix} n & \Sigma x_i \\ \Sigma x_i & \Sigma x_i^2 \end{vmatrix}}, \quad B = \frac{\begin{vmatrix} n & \Sigma F_i \\ \Sigma x_i & \Sigma x_i F_i \end{vmatrix}}{\begin{vmatrix} n & \Sigma x_i \\ \Sigma x_i & \Sigma x_i^2 \end{vmatrix}} \tag{5.17}$$

$\ln a = A$, $\ln b = B$ 의 관계에서:

$$a = e^A \tag{5.18}$$

$$b = e^B \tag{5.19}$$

최종적으로 지수 곡선 회귀식을 결정한다.

$$y(x) = a\,b^{x} \tag{5.12}$$

2) 프로그램 순서

① 데이터 점의 개수와 데이터를 입력한다.
② 측정치의 자연대수를 취한다.
③ 독립 변수와 측정치 자연대수의 곱, 독립 변수의 제곱을 각 요소별로 계산한다.
④ 독립 변수의 합, 측정치 자연대수의 합, 독립 변수와 측정치 자연대수 곱의 합, 독립 변수 제곱의 합을 계산한다.
⑤ Cramer의 공식을 이용하여 계수 A, B를 구한다.
⑥ 최종적으로 식 (5.18), (5.19)에 의하여 계수 a, b를 결정한다.

예제 5.3 ▸ 지수 곡선식을 구하는 프로그램을 작성하고 아래 데이터에 대한 지수 곡선식을 결정하여라.

i	x_i	f_i
1	0.1	161
2	1.0	183
3	2.0	208
4	3.0	235
5	4.0	260
6	5.0	295
7	6.0	347
8	7.0	407
9	8.0	465
10	9.0	544
11	10.0	605

예제 5.3 지수 곡선 회귀 프로그램

```
% === ex503.m: Exponential function =====
clear
% --- variables ----
% n: number of data points
% X, F: 1-D array for input data x, f
% lnF, XlnF, X2: 1-D array for ln f, x*ln f, x^2
% a, b: coefficient and base of the equation
% --- input data points ---
X= [0.1 1 2 3 4 5 6 7 8 9 10];
F= [161 183 208 235 260 295 347 407 465 544 605];
n=length(X);
% --- calculation of ln(f), xf, x^2 ---
lnF=log(F);
XlnF= X .* lnF;
X2= X .* X;
% --- sum of X, lnF, XlnF, X2 ---
sigX= sum(X);
siglnF= sum(lnF);
sigXlnF= sum(XlnF);
sigX2= sum(X2);
% --- a, b ---
A= (siglnF*sigX2-sigX*sigXlnF)/(n*sigX2-sigX*sigX);
B= (n*sigXlnF-sigX*siglnF)/(n*sigX2-sigX*sigX);
a= exp(A); b= exp(B);
fprintf('\n Exponential function:')
fprintf('\n y=(%.4f)*(%.4f)^x \n\n', a,b)
% === end of ex503.m ========================
```

프로그램 설명 ▸

- 제11행에 사용된 'length' 문은 배열의 길이를 구하는 명령문이다. X의 크기는 1×11 이므로 n의 값에 11이 할당된다.
- 제13행에 사용된 'log' 문은 자연대수를 구하라는 명령문이다. 상용로그는 'log10'에 의하여 계산된다. 여기서 F가 1차원 배열이므로 lnF도 1차원 배열로 된다.

- 제24행에 사용된 'exp' 문은 e에 대한 지수 함수를 구하라는 것이다. 즉, $\exp(A) = e^A$이다.

예제 5.3 프로그램 실행결과

```
?ex503

 Exponential function:
 y=(156.7810)*(1.1445)^x
```

5.3 다항식 회귀(Polynomial Regression Analysis)

1) 원리

전체 데이터의 경향을 나타내는, 오차가 최소인 고차 다항식을 구하는 것이다. 기본 원리는 '5.1 선형 회귀'와 동일하며 상세한 절차는 다음과 같다.

n 개의 측정점 $(x_1, f_1), (x_2, f_2), \ldots, (x_n, f_n)$에 대한 m차 다항식 (단, m < n) :

$$y(x) = a_0 + a_1 x + a_2 x^2 + \ldots + a_m x^m \tag{5.20}$$

각 점에서의 오차 r_i는:

$$r_i = y(x_i) - f_i \tag{5.21}$$

오차 제곱의 합을 S라 하면:

$$S = \sum_{i=1}^{n} (y(x_i) - f_i)^2 \tag{5.22}$$

$$= \sum_{i=1}^{n} (a_0 + a_1 x_i + a_2 x_i^2 + \ldots + a_m x_i^m - f_i)^2$$

S를 최소로 하는 a_0, a_1, a_2, ..., a_m 등을 다음과 같이 정한다.

$$\frac{\partial S}{\partial a_j} = 0, \quad (j = 0,1,2,\ldots,m) \tag{5.23}$$

즉,

$$\frac{\partial S}{\partial a_0} = 2\sum_{i=1}^{n}(a_0 + a_1 x_i + a_2 x_i^2 + \ldots + a_m x_i^m - f_i) = 0 \tag{5.24}$$

$$\frac{\partial S}{\partial a_1} = 2\sum_{i=1}^{n}(a_0 + a_1 x_i + a_2 x_i^2 + \ldots + a_m x_i^m - f_i)x_i = 0$$

$$\frac{\partial S}{\partial a_m} = 2\sum_{i=1}^{n}(a_0 + a_1 x_i + a_2 x_i^2 + \ldots + a_m x_i^m - f_i)x_i^m = 0$$

위 식에서 a_i에 관한 (m+1)원 연립방정식을 얻는다.

$$\begin{aligned} a_0 n + a_1 \Sigma x_i + \cdots + a_m \Sigma x_i^m &= \Sigma f_i \\ a_0 \Sigma x_i + a_1 \Sigma x_i^2 + \cdots + a_m \Sigma x_i^{m+1} &= \Sigma f_i x_i \\ \cdots\cdots\cdots\cdots\cdots\cdots \\ a_0 \Sigma x_i^m + a_1 \Sigma x_i^{m+1} + \cdots + a_m \Sigma x_i^{2m} &= \Sigma f_i x_i^m \end{aligned} \tag{5.25}$$

식 (5.25)를 Gauss 정규방정식이라고 한다. 이것을 행렬과 벡터로 표시하면:

$$A a = b \tag{5.26}$$

단,

$$A = \begin{bmatrix} n & \Sigma x_i & \cdots & \Sigma x_i^m \\ \Sigma x_i & \Sigma x_i^2 & \cdots & \Sigma x_i^{m+1} \\ \cdots & \cdots & \cdots & \cdots \\ \Sigma x_i^m & \Sigma x_i^{m+1} & \cdots & \Sigma x_i^{2m} \end{bmatrix}, \quad a = \begin{bmatrix} a_0 \\ a_1 \\ \cdots \\ a_m \end{bmatrix}, \quad b = \begin{bmatrix} \Sigma f_i \\ \Sigma f_i x_i \\ \cdots \\ \Sigma f_i x_i^m \end{bmatrix}$$

식 (5.26)을 풀어서 계수 a_0, a_1, ..., a_m을 구하여 식 (5.20)에 대입하여 m차 다항식을 결정한다.

정규방정식을 구성하기 위하여 식 (5.27)과 같은 보조행렬을 이용하면 계수행렬과 상수항 벡터를 편리하게 구할 수 있다.

$$C = \begin{bmatrix} 1 & x_1 & x_1^2 & \dots & x_1^m \\ 1 & x_2 & x_2^2 & \dots & x_2^m \\ \dots & \dots & \dots & \dots & \dots \\ 1 & x_n & x_n^2 & \dots & x_n^m \end{bmatrix} \tag{5.27}$$

계수행렬은 대칭행렬이므로 다음과 같이 표현될 수 있다.

$$A = C^T C = \begin{bmatrix} 1 & 1 & 1 & \dots & 1 \\ x_1 & x_2 & x_3 & \dots & x_n \\ x_1^2 & x_2^2 & x_3^2 & \dots & x_n^2 \\ \dots & \dots & \dots & \dots & \dots \\ x_1^m & x_2^m & x_3^m & \dots & x_n^m \end{bmatrix} \begin{bmatrix} 1 & x_1 & x_1^2 & \dots & x_1^m \\ 1 & x_2 & x_2^2 & \dots & x_2^m \\ \dots & \dots & \dots & \dots & \dots \\ 1 & x_n & x_n^2 & \dots & x_n^m \end{bmatrix}$$

$$= \begin{bmatrix} n & \Sigma x_i & \cdots & \Sigma x_i^m \\ \Sigma x_i & \Sigma x_i^2 & \cdots & \Sigma x_i^{m+1} \\ \dots & \dots & \dots & \dots \\ \Sigma x_i^m & \Sigma x_i^{m+1} & \cdots & \Sigma x_i^{2m} \end{bmatrix} \tag{5.28}$$

상수항 벡터는 보조행렬을 이용하여 다음과 같이 얻어진다.

$$b = C^T f = \begin{bmatrix} 1 & 1 & 1 & \dots & 1 \\ x_1 & x_2 & x_3 & \dots & x_n \\ x_1^2 & x_2^2 & x_3^2 & \dots & x_n^2 \\ \dots & \dots & \dots & \dots & \dots \\ x_1^m & x_2^m & x_3^m & \dots & x_n^m \end{bmatrix} \begin{bmatrix} f_1 \\ f_2 \\ f_3 \\ \dots \\ f_n \end{bmatrix} = \begin{bmatrix} \Sigma f_i \\ \Sigma f_i x_i \\ \dots \\ \Sigma f_i x_i^m \end{bmatrix} \tag{5.29}$$

2) 프로그램 순서

① 보조행렬 C를 만든다.

② 계수행렬을 구성한다. $A=C^TC$

③ 상수항 벡터를 구성한다. $b=C^Tf$

④ 연립 1차 방정식을 풀어서 다항식의 계수를 구한다.

예제 5.4 ▸ 최소자승법에 의하여 다음의 데이터에 대한 3차 다항식을 구하여라.

x_i	f_i
$x_1 = 0.1$	$f_1 = 1.1052$
$x_2 = 0.5$	$f_2 = 1.6487$
$x_3 = 0.6$	$f_3 = 1.8221$
$x_4 = 0.9$	$f_4 = 2.4596$

풀 이

1) 보조행렬을 만든다.

$$C = \begin{bmatrix} 1 & x_1 & x_1^2 & x_1^3 \\ 1 & x_2 & x_2^2 & x_2^3 \\ 1 & x_3 & x_3^2 & x_3^3 \\ 1 & x_4 & x_4^2 & x_4^3 \end{bmatrix} = \begin{bmatrix} 1 & 0.1 & 0.01 & 0.001 \\ 1 & 0.5 & 0.25 & 0.125 \\ 1 & 0.6 & 0.36 & 0.216 \\ 1 & 0.9 & 0.81 & 0.729 \end{bmatrix}$$

2) 계수행렬을 구성한다.

$$A = C^T C = \begin{bmatrix} 1 & 1 & 1 & 1 \\ 0.1 & 0.5 & 0.6 & 0.9 \\ 0.01 & 0.25 & 0.36 & 0.81 \\ 0.001 & 0.125 & 0.216 & 0.729 \end{bmatrix} \begin{bmatrix} 1 & 0.1 & 0.01 & 0.001 \\ 1 & 0.5 & 0.25 & 0.125 \\ 1 & 0.6 & 0.36 & 0.216 \\ 1 & 0.9 & 0.81 & 0.729 \end{bmatrix}$$

$$= \begin{bmatrix} 4.0000 & 2.1000 & 1.4300 & 1.0710 \\ 2.1000 & 1.4300 & 1.0710 & 0.8483 \\ 1.4300 & 1.0710 & 0.8483 & 0.6995 \\ 1.0710 & 0.8483 & 0.6995 & 0.5937 \end{bmatrix}$$

3) 상수항 벡터를 구성한다.

$$b = C^T f = \begin{bmatrix} 1 & 1 & 1 & 1 \\ 0.1 & 0.5 & 0.6 & 0.9 \\ 0.01 & 0.25 & 0.36 & 0.81 \\ 0.001 & 0.125 & 0.216 & 0.729 \end{bmatrix} \begin{bmatrix} 1.1052 \\ 1.6487 \\ 1.8221 \\ 2.4596 \end{bmatrix} = \begin{bmatrix} 7.0356 \\ 4.2418 \\ 3.0715 \\ 2.3938 \end{bmatrix}$$

4) $Aa = b$를 풀어 근 a_0, a_1, a_2, a_3를 구한다.

$$a = A^{-1}B = \begin{bmatrix} 0.9983 \\ 1.0248 \\ 0.4100 \\ 0.2838 \end{bmatrix}$$

5) 최종적으로 3차 다항식을 결정한다.

$$y(x) = 0.9983 + 1.0248x + 0.41x^2 + 0.2838x^3$$

예제 5.5 ▸ 주어진 데이터로부터 고차 다항식을 구하는 프로그램을 작성하여 예제 5.4에 적용하여라.

예제 5.5 다항식 회귀 프로그램

```
% === ex505.m: Polynomial regression =====
clear
% --- variables ----
% n: number of data points
% m: order of polynomial
% X, F: 1-D array for input data x, f
% ai: 1-D array for coefficient of the equation
% --- input data points ---
X= [0.1; 0.5; 0.6; 0.9];
F= [1.1052; 1.6487; 1.8221; 2.4596];
n= length(X);
m= 3
% --- auxiliary matrix: C ----
mp1= m+1;
C= zeros(n, mp1);
for k=1:mp1
   for i=1:n
       C(i,k)= X(i)^(k-1);
   end
end
C
% --- transpose of C: Ct ----
Ct= zeros(mp1, n);
for i=1:mp1
   for k=1:n
      Ct(i,k)=C(k,i);
   end
end
Ct
```

```
% --- coefficient matrix: A ----
for i=1:mp1
   for k=1:mp1
      dummy= 0;
      for j=1:n
         dummy= dummy + Ct(i,j)*C(j,k);
      end
      A(i,k)= dummy;
   end
end
A
% --- Right hand side vector: B ----
B= zeros(mp1,1);
for i=1:mp1
   dummy= 0;
   for j=1:mp1
      dummy= dummy + Ct(i,j)*F(j);
   end
   B(i)= dummy;
end
B
% **** coefficient a0, a1, a2 ... by  Inverse Matrix method ***
% ---- Pivoting -----------------------
[A, B] = pivot(A, B, mp1);          % Subloutine
% ---- Inversion of the matrix: Ai ---------
Ai = invM(A);                       % Subloutine
% ---- Roots vector -------------------
ai= zeros(mp1,1);
for i=1:mp1
    dummy=0;
   for j=1:mp1
      dummy=dummy + Ai(i,j)*B(j);
  end
  ai(i)=dummy;
end
fprintf('\n Polynomial regression:')
fprintf('\n y=(%.4f)+(%.4f)x+(%.4f)x^2+(%.4f)x^3 \n\n', ai)
% ========= end of ex505.m ========================
```

예제 5.5 프로그램 실행결과

```
?ex505

C =
    1.0000    0.1000    0.0100    0.0010
    1.0000    0.5000    0.2500    0.1250
    1.0000    0.6000    0.3600    0.2160
    1.0000    0.9000    0.8100    0.7290

Ct =
    1.0000    1.0000    1.0000    1.0000
    0.1000    0.5000    0.6000    0.9000
    0.0100    0.2500    0.3600    0.8100
    0.0010    0.1250    0.2160    0.7290

A =
    4.0000    2.1000    1.4300    1.0710
    2.1000    1.4300    1.0710    0.8483
    1.4300    1.0710    0.8483    0.6995
    1.0710    0.8483    0.6995    0.5937

B =
    7.0356
    4.2418
    3.0715
    2.3938

 Polynomial regression:
 y=(0.9983)+(1.0248)x+(0.4100)x^2+(0.2838)x^3
```

[예제 5.5]를 Matlab 명령문을 사용하면 다음과 같이 간단하게 프로그래밍할 수 있다.

예제 5.6 ▸ [예제 5.5] 프로그램의 제22행부터 Matlab 명령문을 사용하여 프로그래밍하여라.

예제 5.6 다항식 회귀 프로그램 (Matlab 명령문)

```
% === ex506.m: Polynomial regression =====
clear
% --- variables ----
% n: number of data points
% m: order of polynomial
% X, F: 1-D array for input data x, f
% ai: 1-D array for coefficient of the equation
% --- input data points ---
X= [0.1; 0.5; 0.6; 0.9];
F= [1.1052; 1.6487; 1.8221; 2.4596];
n= length(X);
m= 3;
% --- auxiliary matrix: C ----
mp1= m+1;
C= zeros(n, mp1);
for k=1:mp1
   for i=1:n
       C(i,k)= X(i)^(k-1);
   end
end
C
% --- transpose of C: Ct ----
Ct= C'
% --- coefficient matrix: A ----
A= Ct*C
% --- Right hand side vector: B ----
B= Ct*F
% **** coefficient a0, a1, a2 ... by  Inverse Matrix method ***
% ---- Inversion of the matrix: Ai ---------
 Ai= inv(A);
%  ---- Roots vector --------------------
ai= Ai*B
fprintf('\n Polynomial regression:')
fprintf('\n y=(%.4f)+(%.4f)x+(%.4f)x^2+(%.4f)x^3 \n\n', ai)
% ========= end of ex506.m ========================
```

프로그램 설명 ▸

- 제23행의 Ct = C'에서 (')연산자는 전치행렬을 구할 때 사용된다.
- 제25행과 제27행과 같이 (*) 연산자가 행렬에 적용되면 행렬의 곱셈 방식에 따라 곱셈이 수행된다.
- 제30행의 'inv' 명령문은 역행렬을 구할 때 사용된다.

[예제 5.6]의 프로그램을 실행하면 [예제 5.5]와 동일한 계산 결과를 얻을 수 있다.

5.4 다중 회귀(Multiple Regression Analysis)

1) 원리

독립 변수가 2 개 이상일 때 전체 데이터의 경향을 나타내는, 오차가 최소인 다변수 함수를 구하는 것이다. 그 절차는 다음과 같다.

독립 변수가 x,y, 종속 변수가 z인 경우에 n 개의 측정점 (x_1,y_1,f_1), (x_2,y_2,f_2), ..., (x_n,y_n,f_n)에 대한 다중 회귀 방정식은 식 (5.30)과 같이 표현된다.

$$z(x,y)=a+bx+cy \tag{5.30}$$

각 점에서의 오차 r_i는 측정치 f_i와 추정치 $z_i(x_i,y_i)$의 차이로 표현된다.

$$r_i = z_i(x_i,y_i) - f_i \tag{5.31}$$

오차 제곱의 합을 S라 하면:

$$S = \sum_{i=1}^{n}(r_i)^2 = \sum_{i=1}^{n}(a+bx_i+cy_i-f_i)^2 \tag{5.32}$$

S가 최소일 조건:

$$\frac{\partial S}{\partial a} = 0 , \frac{\partial S}{\partial b} = 0 , \frac{\partial S}{\partial c} = 0 \tag{5.33}$$

식 (5.33)으로부터 a, b, c가 미지수인 3원 1차 연립 방정식을 얻는다.

$$\begin{aligned} na + (\Sigma x_i)b + (\Sigma y_i)c &= \Sigma f_i \\ (\Sigma x_i)a + (\Sigma x_i^2)b + (\Sigma x_i y_i)c &= \Sigma x_i f_i \\ (\Sigma y_i)a + (\Sigma x_i y_i)b + (\Sigma y_i^2)c &= \Sigma y_i f_i \end{aligned} \tag{5.34}$$

행렬과 벡터로 표현하면:

$$\begin{bmatrix} n & \Sigma x_i & \Sigma y_i \\ \Sigma x_i & \Sigma x_i^2 & \Sigma x_i y_i \\ \Sigma y_i & \Sigma x_i y_i & \Sigma y_i^2 \end{bmatrix} \begin{Bmatrix} a \\ b \\ c \end{Bmatrix} = \begin{Bmatrix} \Sigma f_i \\ \Sigma x_i f_i \\ \Sigma y_i f_i \end{Bmatrix} \tag{5.35}$$

식 (5.35)의 연립 방정식을 풀어서 계수 a, b, c를 정한다.

최종적으로 다중 회귀식을 결정한다.

$$z(x,y) = a + bx + cy \tag{5.30}$$

2) 프로그램 순서

① 데이터 점의 개수와 데이터를 입력한다.

② 두 독립 변수의 곱, 독립 변수의 제곱, 각 독립 변수와 측정치의 곱을 각 요소별로 계산한다.

③ 독립 변수의 합, 두 독립 변수의 곱의 합, 독립 변수의 제곱의 합, 각 독립 변수와 측정치의 곱의 합을 계산한다.

④ 계수행렬을 구성한다.

⑤ 상수항 벡터를 구성한다.

⑥ 연립 방정식을 풀어서 계수 a, b, c를 정한다.

예제 5.7 ▸ 아래 데이터에 대하여 다중 회귀식을 결정하는 프로그램을 작성하여 그 실행 결과를 보여라.

i	x_i	y_i	f_i
1	9.2	10.5	9.0
2	10.9	11.7	8.7
3	12.0	12.2	8.2
4	13.9	13.8	13.2
5	15.3	15.9	14.2
6	18.4	18.1	11.1
7	20.1	19.0	9.3
8	23.8	21.3	12.0
9	26.3	23.6	10.5
10	26.5	24.7	14.7

예제 5.7 다중 회귀 프로그램

```
% === ex507.m: Multiple regression =====
clear
% --- variables ----
% n: number of data points
% X, Y, F: 1-D array for input data x, y, f
% X2, Y2, XY, XF, YF: 1-D array for x^2, y^2, xy, xf, yf
% abc: 1-D array for coefficient of the equation
% --- input data points ---
X= [9.2; 10.9; 12.0; 13.9; 15.3; 18.4; 20.1; 23.8; 26.3; 26.5];
Y= [10.5; 11.7; 12.2; 13.8; 15.9; 18.1; 19.0; 21.3; 23.6; 24.7];
F= [9.0; 8.7; 8.2; 13.2; 14.2; 11.1; 9.3; 12.0; 10.5; 14.7];
n= length(X);
% --- calculation of x^2, y^2, xy, xf, yf ----
X2= X .* X;
Y2= Y .* Y;
XY= X .* Y;
XF= X .* F;
YF= Y .* F;
% --- sum of x, y, f, x^2, y^2, xy, xf, yf ----
XY= X .* Y;
XF= X .* F;
YF= Y .* F;
% --- sum of x, y, f, x^2, y^2, xy, xf, yf ----
sigX= sum(X);
```

```
sigY= sum(Y);
sigF= sum(F);
sigX2= sum(X2);
sigY2= sum(Y2);
sigXY= sum(XY);
sigXF= sum(XF);
sigYF= sum(YF);
% --- coefficient matrix: A ----
A= zeros(3, 3);
A(1,1)=n; A(1,2)=sigX; A(1,3)=sigY;
A(2,1)=sigX; A(2,2)=sigX2; A(2,3)=sigXY;
A(3,1)=sigY; A(3,2)=sigXY; A(3,3)=sigY2;
A
% --- Right hand side vector: B ----
B= zeros(3,1);
B(1,1)=sigF; B(2,1)=sigXF; B(3,1)=sigYF;
% --- coefficient a, b, c by  Inverse Matrix method ----
abc= inv(A)*B
fprintf('\n Multiple regression:')
fprintf('\n z=(%.4f)+(%.4f)x+(%.4f)y \n\n', abc)
% ========= end of ex507.m ========================
```

예제 5.7 프로그램 실행결과

```
?ex507


A =
  1.0e+003 *
    0.0100    0.1764    0.1708
    0.1764    3.4777    3.3027
    0.1708    3.3027    3.1486

abc =
    0.6562
   -1.7108
    2.3777

 Multiple regression:
 z=(0.6562)+(-1.7108)x+(2.3777)y
```

5.5 타원 회귀(Elliptic Regression Analysis)

독립 변수와 종속 변수의 관계를 타원 방정식의 형태로 나타내는 것이다. 타원 방정식의 일반형은:

$$\frac{(x-x_0)^2}{\alpha^2}+\frac{(y-y_0)^2}{\beta^2}=1 \tag{5.36}$$

여기서, (x_0,y_0): 중점의 좌표

α :x축 반폭

β :y축 반폭

식 (5.36)을 전개하여 표현하면:

$$y^2+ay=bx^2+cx+d \tag{5.37}$$

식 (5.37)에서 y는 추정 함수이다. 측정치를 f_i라고 하면 $(y_i^2+ay_i)$와 $(f_i^2+af_i)$는 서로 1:1 대응 관계가 성립한다. 이들의 차이를 오차 r_i로 간주하면:

$$\begin{aligned} r_i &= (y_i^2+ay_i)-(f_i^2+af_i) \\ &= (bx_i^2+cx_i+d)-(f_i^2+af_i) \\ &= -af_i+bx_i^2+cx_i+d-f_i^2 \end{aligned} \tag{5.38}$$

오차 제곱의 합을 S라 하면:

$$S=\sum_{i=1}^{n}(r_i)^2=\sum_{i=1}^{n}(-af_i+bx_i^2+cx_i+d-f_i^2)^2 \tag{5.39}$$

S가 최소일 조건:

$$\frac{\partial S}{\partial a}=0\ ,\ \frac{\partial S}{\partial b}=0\ ,\ \frac{\partial S}{\partial c}=0\ ,\ \frac{\partial S}{\partial d}=0 \tag{5.40}$$

식 (5.40)으로부터 a, b, c, d가 미지수인 4원 1차 연립 방정식을 얻는다.

$$\begin{aligned}(\Sigma f_i^2)a - (\Sigma f_i x_i^2)b - (\Sigma f_i x_i)c - (\Sigma f_i)d &= -\Sigma f_i^3 \\ -(\Sigma f_i x_i^2)a + (\Sigma x_i^4)b + (\Sigma x_i^3)c + (\Sigma x_i^2)d &= \Sigma f_i^2 x_i^2 \\ -(\Sigma f_i x_i)a + (\Sigma x_i^3)b + (\Sigma x_i^2)c + (\Sigma x_i)d &= \Sigma f_i^2 x_i \\ -(\Sigma f_i)a + (\Sigma x_i^2)b + (\Sigma x_i)c + nd &= \Sigma f_i^2\end{aligned} \tag{5.41}$$

행렬과 벡터로 표현하면

$$\begin{bmatrix} \Sigma f_i^2 & -\Sigma f_i x_i^2 & -\Sigma f_i x_i & -\Sigma f_i \\ -\Sigma f_i x_i^2 & \Sigma x_i^4 & \Sigma x_i^3 & \Sigma x_i^2 \\ -\Sigma f_i x_i & \Sigma x_i^3 & \Sigma x_i^2 & \Sigma x_i \\ -\Sigma f_i & \Sigma x_i^2 & \Sigma x_i & n \end{bmatrix} \begin{Bmatrix} a \\ b \\ c \\ d \end{Bmatrix} = \begin{Bmatrix} -\Sigma f_i^3 \\ \Sigma f_i^2 x_i^2 \\ \Sigma f_i^2 x_i \\ \Sigma f_i^2 \end{Bmatrix} \tag{5.42}$$

식 (5.42)의 연립 방정식을 풀어서 계수 a, b, c, d를 구한다.

$$y^2 + ay = bx^2 + cx + d \tag{5.37}$$

최종적으로 다음과 같이 식 (5.37)을 타원 방정식의 형태로 변형한다.

식 (5.36)을 전개하여 식 (5.37)의 형태로 변형하면:

$$y^2 - 2y_0 y = -\frac{\beta^2}{\alpha^2}x^2 + \frac{2\beta^2 x_0}{\alpha^2}x + \beta^2 - \frac{\beta^2 x_0^2}{\alpha^2} - y_0^2 \tag{5.43}$$

식 (5.37)과 식 (5.43)에서 동류항의 계수를 비교하여 $x_0, y_0, \alpha^2, \beta^2$ 등을 결정한다.

$$\begin{aligned} x_0 &= -\frac{c}{2b} \\ y_0 &= -\frac{a}{2} \\ \alpha &= \sqrt{\left| x_0^2 - \frac{y_0^2 + d}{b} \right|} \\ \beta &= \sqrt{|b\alpha^2|} \end{aligned} \tag{5.44}$$

구하는 타원 방정식은:

$$\frac{(x-x_0)^2}{\alpha^2}+\frac{(y-y_0)^2}{\beta^2}=1 \tag{5.36}$$

예제 5.8 ▸ 타원 회귀식에 대한 프로그램을 작성하여 다음 데이터에 대한 타원 방정식을 구하여라.

i	1	2	3	4	5	6
x_i	0	0.4	0.8	1.2	1.6	2.0
f_i	6.597	6.862	6.986	6.985	6.862	6.598

예제 5.8 타원 회귀 프로그램

```
% === ex508.m: Elliptic regression =====
clear
% --- variables ----
% n: number of data points
% X, F: 1-D array for input data x, f
% X2, FX, F2X2 etc: 1-D array for x^2, fx, f^2x^2 etc
% abc: 1-D array for coefficient of the equation
% --- input data points ---
X=[0 0.4 0.8 1.2 1.6 2];
F=[6.597 6.862 6.986 6.985 6.862 6.598];
n= length(X);
% --- calculation of x^2,  fx, f^2x^2 etc ---
X2= X .* X;
X3= X2 .* X;
X4= X3 .* X;
FX= F .* X;
FX2= F .* X2;
F2= F .* F;
F3= F2 .* F;
F2X2= F2 .* X2;
F2X= F2 .* X;
% --- coefficient matrix: A ----
A= zeros(4, 4);
```

```
A(1,1)=sum(F2);A(1,2)=-sum(FX2);A(1,3)=-sum(FX); A(1,4)=-sum(F);
A(2,2)=sum(X4); A(2,3)=sum(X3); A(2,4)=sum(X2);
A(3,3)=sum(X2); A(3,4)=sum(X);
A(4,4)=n;
for i=1:4
   for k=i:4
      A(k,i)=A(i,k);   % symmetric
   end
end
A
% --- Right hand side vector: B ----
B= zeros(4,1);
B(1,1)=-sum(F3);B(2,1)=sum(F2X2);B(3,1)=sum(F2X);B(4,1)=sum(F2);
% --- coefficient a, b, c, d by  Inverse Matrix method ----
abcd= inv(A)*B
a= abcd(1); b= abcd(2); c= abcd(3); d= abcd(4);
% --- elliptic constant ---
x0= -c/(2*b)
y0= -a/2
alpha= sqrt(abs(x0^2 - (y0^2 + d)/b))
beta= sqrt(abs(-b*alpha^2))
fprintf('\n Elliptic regression:')
fprintf('\n (x-%.2f)^2/(%.4f)^2+(y-%.2f)^2/(%.4f)^2=1 \n\n', x0,
alpha, y0, beta)
% ========= end of ex508.m ========================
```

예제 5.8 프로그램 실행결과

```
?ex508

A =

  278.8225  -59.5861  -40.8908  -40.8900
  -59.5861   25.0624   14.4000    8.8000
  -40.8908   14.4000    8.8000    6.0000
  -40.8900    8.8000    6.0000    6.0000

abcd =

   -8.0831
```

```
   -2.2227
    4.4469
   -9.8030
x0 =

    1.0003

y0 =
    4.0416

alpha =
   1.9847

beta =
   2.9590


 Elliptic regression:
 (x-1.00)^2/(1.9847)^2+(y-4.04)^2/(2.9590)^2=1
```

연습 문제

5.1 주어진 데이터에 대한 선형 회귀식을 구하여라.

x_i	2.1	6.2	7.2	10.5	13.7
f_i	2.9	3.8	6.0	5.7	7.7

5.2 다음 데이터에 대한 지수 회귀식의 계수 a, b를 구하여라.

$y(x) = ae^x$

x_i	0.1	0.2	0.3	0.4	0.5
f_i	12.28	10.05	8.23	6.74	5.52

5.3 다음 데이터에 대한 3차 다항식의 계수 a, b, c, d를 구하여라.

$y(x) = a + bx + cx^2 + dx^3$

x_i	0	1	2	3	4	5	6	7	8	9	10
f_i	0	10.0	20.1	30.5	45.3	53.1	67.8	79.4	90.5	3.0	99.7

5.4 다음 데이터에 대한 다중 회귀식의 계수 a, b, c를 구하여라.

$z(x,y) = a + bx + cy$

x_i	1	1	2	2	3	3	4	4
y_i	1	2	1	2	1	2	1	2
f_i	18.0	13.8	25.7	20.6	35.0	29.9	45.5	39.2

6 장

수치 적분

적분(積分)이란 쌓아 올려서 이루어진 양을 의미한다. 예를 들면 속력을 시간에 대하여 특정 시간동안 적분하면 그 시간 동안 움직인 거리가 되며, 어떤 함수를 특정 구간에 대하여 적분하면 그 구간 내의 함수 그래프 아래의 면적이 된다. 본 장에서는 이러한 적분의 기본 개념을 이용하여 정적분을 수치적으로 구하는 방법을 소개한다.

6.1 사다리꼴 적분 공식(Trapezoid Rule)

1) 원리

사다리꼴 적분은 함수의 정적분이 함수 그래프 아래의 면적과 같다는 원리를 응용하여 정적분을 근사적으로 구하는 것이다. 먼저 [그림 6.1]과 같이 함수 그래프의 적분구간을 등간격으로 세분화한다. 나누어진 조각들을 사다리꼴로 간주하여 각각의 사다리꼴의 면적을 모두 더하면 적분구간 내 함수 그래프 아래의 면적을 근사적으로 구할 수 있다. 이렇게 구한 면적은 정적분의 값에 가깝다. 구간을 세밀하게 나누면 정밀도는 향상된다.

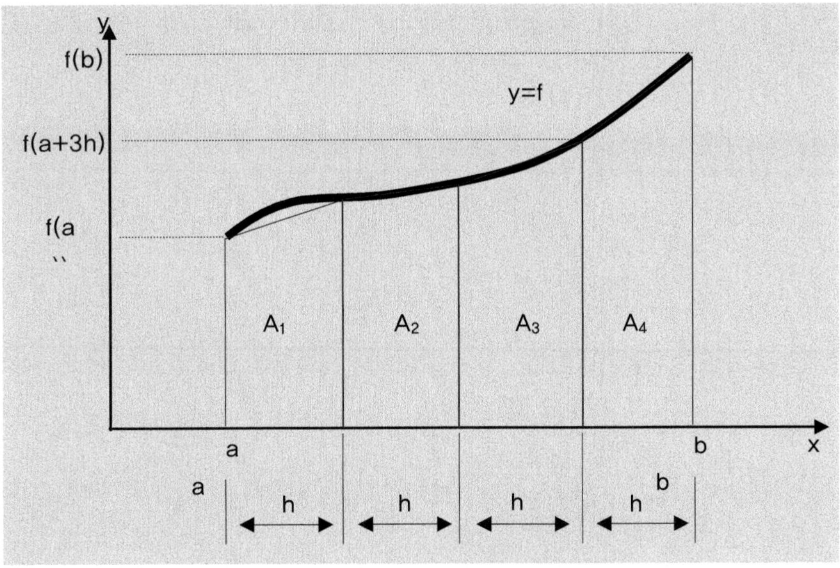

그림 6.1 사다리꼴 적분의 원리

[그림 6.1]에서 적분 구간을 [a,b], 등분 간격을 h, 그래프 아래의 전체 면적을 A, 사다리꼴 조각들의 면적을 각각 A_1, A_2, A_3, A_4라고 하면

$$\int_a^b f(x)dx = A \tag{6.1}$$

$$A \fallingdotseq A_1 + A_2 + A_3 + A_4 \tag{6.2}$$

이므로

$$\begin{aligned}\int_a^b f(x)dx &\fallingdotseq A_1 + A_2 + A_3 + A_4 \\ &= \frac{h}{2}[f(a) + f(a+h)] + \frac{h}{2}[f(a+h) + f(a+2h)] + \\ &\quad \frac{h}{2}[f(a+2h) + f(a+3h)] + \frac{h}{2}[f(a+3h) + f(b)] \\ &= \frac{h}{2}[f(a) + f(b)] + h[f(a+h) + f(a+2h) + f(a+3h)] \\ &= \frac{h}{2}[f(a) + f(b)] + h\sum_{i=1}^{3} f(a+ih)\end{aligned} \tag{6.3}$$

위 식으로부터 등분 수가 n인 일반적인 경우에 대한 사다리꼴 적분 공식을 다음과 같이 정의할 수 있다.

사다리꼴 적분 공식

$$\begin{aligned}\int_a^b f(x)dx &\fallingdotseq \frac{h}{2}[f(a) + f(b)] + h\sum_{i=1}^{n-1} f(a+ih) \\ h &= \frac{b-a}{n}\end{aligned} \tag{6.4}$$

2) 프로그램 순서

① 함수 f(x) 정의

② 적분 구간 [a, b], 등분 수 n 입력

③ 등분 간격 h 계산: $h = \frac{b-a}{n}$

④ 함수의 합 계산: $\sum_{i=1}^{n-1} f(a+ih)$

⑤ 적분 계산: $\int_a^b f(x)dx \fallingdotseq \frac{h}{2}[f(a)+f(b)]+h\sum_{i=1}^{n-1} f(a+ih)$

예제 6.1 ▸ 사다리꼴 적분 공식을 사용하여 다음의 정적분을 계산하는 프로그램을 작성하고 등분 수의 증가에 따른 오차를 평가하여라.

$$I=\int_2^5 (x^2+4x+3)dx$$

예제 6.1 사다리꼴 적분 프로그램

```
% === ex601.m: Numerical Integration _ Trapezoid Rule ===
clear
% --- variables ----
% a, b: lower bound, upper bound
% n: number of grids
% f: function f(x)= x^2 + 4*x + 3;
% --- input data points ---
%a= input('Lower bound= ');
%b= input('Upper bound= ');
a= 2; b= 5;
n= input('Number of grids= ');
% --- grid size: h -------
h= (b-a)/n;
% --- sum of middle values: sumf --
sumf= 0;
for i=1:n-1
   sumf= sumf + f(a + i*h);
end
% --- Integrations: I -------------
I= (h/2)*(f(a)+f(b))+ h*sumf;
% --- error estimation ------------
Ie= 90; % exact solution of the integration
```

```
error= abs((I - Ie)/I);
fprintf('\n Trapezoid Rule:')
fprintf('\n Integration=%.4f, n=%.0f, error=%.8f  \n\n', I, n, error)
% ========= end of ex601.m =========================
```

정확해(exact solution)는:

$$I_e = \int_2^5 (x^2 + 4x + 3)dx = \left[\frac{1}{3}x^3 + 2x^2 + 3x\right]_2^5 = 90$$

예제 6.1 프로그램 실행결과

```
?ex601
Number of grids= 20

 Trapezoid Rule:
 Integration=90.0112, n=20, error=0.00012498

?ex601
Number of grids= 40

 Trapezoid Rule:
 Integration=90.0028, n=40, error=0.00003125

?ex601
Number of grids= 80

 Trapezoid Rule:
Integration=90.0007, n=80, error=0.00000781

?ex601
Number of grids= 160

 Trapezoid Rule:
 Integration=90.0002, n=160, error=0.00000195

?ex601
Number of grids= 320
```

```
Trapezoid Rule:
Integration=90.0000, n=320, error=0.00000049
```

[예제 6.1]을 실행하면 등분의 수가 증가할수록 수치 적분에 의하여 구한 정적분의 값은 정확해 '90'에 가까워지고 있으며 오차가 감소함을 알 수 있다.

정적분의 정확해를 수학적으로 계산하는 경우에는 적분된 함수를 구하는 과정이 필요하지만 수치 적분의 경우에는 주어진 함수를 이용하여 적분이 가능하다는 큰 장점이 있다.

6.2 심슨의 1/3 공식(Simpson's 1/3 Rule)

1) 원리

특정 구간에서 함수 그래프 아래의 면적이 적분과 유사하다는 원리를 이용하는 점은 사다리꼴 적분과 같다. 사다리꼴 적분은 각 등분에서의 함수를 1차식으로 단순화하였으나 Simpson의 1/3 법칙에서는 정밀도를 향상시키기 위하여 함수의 그래프를 2차식의 조합으로 구성하여 면적을 구한다. 연속하는 3 개의 데이터 포인트를 이용하여, 적분 구간내의 함수 그래프를 2차 다항식으로 근사하여 면적을 계산한다. 전체 면적, 즉 정적분은 등분의 짝수 개마다 계산된 면적을 합하여 구한다. 이 공식은 등분의 수가 짝수인 경우에 적용된다.

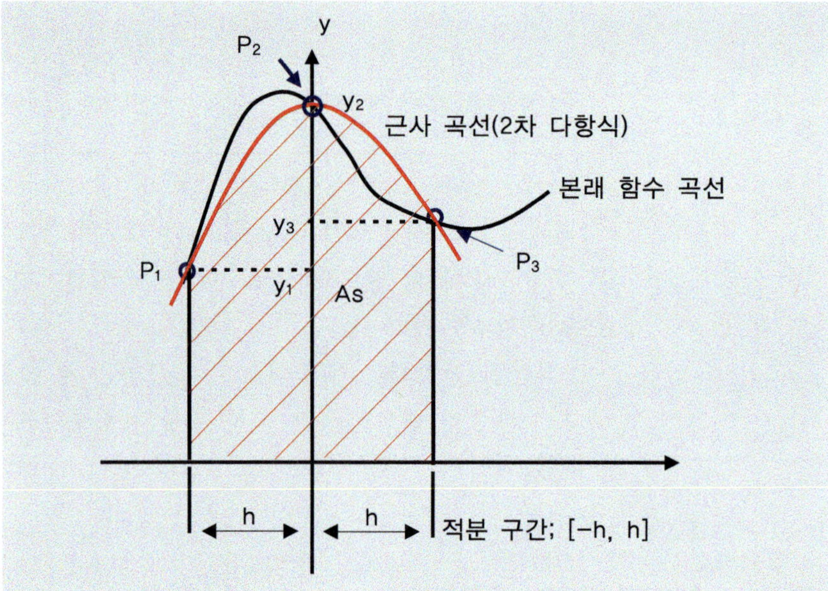

그림 6.2 Simpson의 1/3 법칙

[그림. 6.2]에서 함수 f(x)를 식 (6.5)와 같이 두면 P_1, P_2, P_3을 지나는 근사 곡선 아래의 면적은 식 (6.6)과 같이 표현된다.

$$f(x) = y = ax^2 + bx + c \tag{6.5}$$

$$A_S = \int_{-h}^{h} (ax^2 + bx + c)\,dx = \left[\frac{ax^3}{3} + \frac{bx^2}{2} + cx\right]_{-h}^{h}$$

$$\therefore A_S = \frac{2}{3}ah^3 + 2ch \tag{6.6}$$

$P_1(-h, y_1), P_2(0, y_2), P_3(h, y_3)$의 3점은 식 (6.5)를 만족하므로

$$y_1 = a(-h)^2 + b(-h) + c \tag{6.7}$$

$$y_2 = c$$

$$y_3 = a(h)^2 + b(h) + c$$

위의 연립 방정식에서 a, b, c를 구하면:

$$a = \frac{y_1 - 2y_2 + y_3}{2h^2}, \quad b = \frac{y_3 - y_1}{2h}, \quad c = y_2 \tag{6.8}$$

a, c를 식 (6.5)에 대입하면

$$A_S = \frac{h}{3}(y_1 + 4y_2 + y_3) \tag{6.9}$$

적분 구간의 크기가 4h 이면 총면적 A:

$$A = \frac{h}{3}(y_1 + 4y_2 + y_3) + \frac{h}{3}(y_3 + 4y_4 + y_5) \tag{6.10}$$

:(2h+2h Recursive Form)

적분 구간의 크기가 6h 이면 총면적 A:

$$A = \frac{h}{3}(y_1 + 4y_2 + y_3) + \frac{h}{3}(y_3 + 4y_4 + y_5) + \frac{h}{3}(y_5 + 4y_6 + y_7) \tag{6.11}$$

:(2h+2h+2h Recursive Form)

따라서 일반적인 경우에 적분 구간 [a, b]를 n 개(n은 짝수)의 등분으로 나누어서 적분하면:

$$A = \frac{h}{3}(y_1 + 4y_2 + y_3) + \frac{h}{3}(y_3 + 4y_4 + y_5) + \frac{h}{3}(y_5 + 4y_6 + y_7) + \ldots + \frac{h}{3}(y_{n-1} + 4y_n + y_{n+1}) \tag{6.12}$$

$$A = \int_{x_1}^{x_{n+1}} f(x)\,dx = \frac{h}{3}\left[y_1 + 4\sum_{i=2,4,6}^{i=n} y_i + 2\sum_{i=3,5,7}^{i=n-1} y_i + y_{n+1}\right] \tag{6.13}$$

또는,

$$A = \int_{x_1}^{x_{n+1}} f(x)\,dx = \frac{h}{3}\left[y_1 + 4\sum_{i=1}^{i=n/2} y_{2i} + 2\sum_{i=1}^{i=n/2-1} y_{2i+1} + y_{n+1}\right] \tag{6.14}$$

단, $h = (b-a)/n$

P_1, P_2, … P_{n+1}등에서 본래 함수값(f)과 근사값(y)은 일치하므로 Simpson의 1/3 공식은:

$$\int_{x_1}^{x_{n+1}} f(x)\,dx = \frac{h}{3}\left[f_1 + 4\sum_{i=1}^{n/2} f_{2i} + 2\sum_{i=1}^{n/2-1} f_{2i+1} + f_{n+1}\right] \tag{6.15}$$

또는

$$\int_{x_1}^{x_{n+1}} f(x)\,dx = \frac{h}{3}\left[f(a) + 4\sum_{i=2,4,6}^{n} f(a+(i-1)h) + 2\sum_{i=3,5,7}^{n-1} f(a+(i-1)h) + f(b)\right] \tag{6.16}$$

$$h = (b-a)/n$$

예제 6.2 ▸ 다음 적분을 Simpson의 1/3 공식으로 구하라.

$$I = \int_0^1 x^4\,dx \qquad \text{(정확해는 0.2000)}$$

풀 이

$n = 4$로 하면 $h = 0.25$이므로 5 개의 data point를 계산하면

$f_1 = f(0) = 0.$, $f_2 = f(0.25) = 0.003906$, $f_3 = f(0.5) = 0.0625$,

$f_4 = f(0.75) = 0.316406$, $f_5 = f(1) = 1.$

식 (6.15)에서 $I = \frac{h}{3}[f_1 + 4\sum_{i=1}^{2} f_{2i} + 2\sum_{i=1}^{1} f_{2i+1} + f_{4+1}]$

$$= \frac{0.25}{3}[f_1 + 4(f_2 + f_4) + 2(f_3) + f_5]$$

$$I = \frac{0.25}{3}[0 + 4(0.003906 + 0.316406) + 2(0.0625) + 1]$$
$$= 0.200520$$

2) 프로그램 순서

① 함수 f(x) 정의

② 적분 구간 [a, b], 등분 수 n 입력 (n은 반드시 짝수이어야 함.)

③ 등분 간격 h 계산: $h = \frac{b-a}{n}$

④ 함수의 합 계산: $\sum_{i=1}^{n/2} f_{2i}$, $\sum_{i=1}^{n/2-1} f_{2i+1}$

⑤ 적분 계산:

$$\int_{x_1}^{x_{n+1}} f(x)\,dx = \frac{h}{3}\left[f_1 + 4\sum_{i=1}^{n/2} f_{2i} + 2\sum_{i=1}^{n/2-1} f_{2i+1} + f_{n+1}\right]$$

예제 6.3 ▸ Simpson의 1/3 공식을 사용하여 다음의 정적분을 계산하는 프로그램을 작성하여 그 결과를 [예제 6.1]과 비교하여라.

$$I = \int_2^5 (x^2 + 4x + 3)dx$$

예제 6.3 Simpson 1/3 Rule 프로그램

```
% === ex603.m: Numerical Integration _ Simpson's 1/3 Rule ===
clear
% --- variables ----
% a, b: lower bound, upper bound
% n: number of grids
% f: function f(x)= x^2 + 4*x + 3;
% --- input data points ---
a= input('Lower bound= ');
b= input('Upper bound= ');
n= input('Even number of grids= ');
% --- grid size: h -------
h= (b-a)/n;
% --- sum of middle values: sum4, sum2 --
sum4= 0;
for i= 2: 2: n
```

```
   sum4= sum4 + f(a + (i-1)*h);
end
sum2= 0;
for i= 3: 2: n-1
   sum2= sum2 + f(a + (i-1)*h);
end
% --- Integrations: I -------------
I= (h/3)*(f(a) + 4*sum4 + 2*sum2 + f(b));
% --- error estimation -----------
Ie= 90; % exact solution of the integration
error= abs((I - Ie)/I);
fprintf('\n Simpson 1/3 Rule:')
fprintf('\n Integration=%.4f, n=%.0f, error=%.8f \n\n', I, n, error)
% ========= end of ex603.m ========================
```

예제 6.3 프로그램 실행결과

```
?ex603
Lower bound= 2
Upper bound= 5
Even number of grids= 4

 Simpson 1/3 Rule:
 Integration=90.0000, n=4, error=0.00000000
```

[예제 6.1]과 [예제 6.3]의 실행 결과를 비교하면 Simpson의 1/3 공식은 단 4 개의 등분을 사용하여 사다리꼴 공식에서 320 개 등분이 사용된 결과보다 더욱 정밀한 해를 얻었으므로 Simpson의 1/3 공식의 정밀성을 확인할 수 있다.

6.3 심슨의 3/8 공식(Simpson's 3/8 Rule)

1) 원리

Simpson의 1/3 공식보다 정밀도를 더욱 향상시키기 위하여 함수의 그래프를 3차식의 조합으로 구성하여 면적을 구한다. 연속하는 4 개의 데이터 포인트를 이용하여, 적분 구간내의 함수 그래프를 4 점을 연결하는 3차 다항식으로 근사하여 면적을 계산한다. 전체 면적, 즉 정적분은 등분의 3배수 개마다 계산된 면적을 합하여 구한다. 이 공식은 등분의 수가 3의 배수인 경우에 적용된다.

'6.2 Simpson의 1/3 공식'과 같은 방법으로 적분 구간 3h의 면적을 구하면:

$$A_S = \frac{3h}{8}(y_1 + 3y_2 + 3y_3 + y_4) \tag{6.17}$$

적분 구간의 크기가 6h 이면 총면적 A:

$$A = \frac{3h}{8}(y_1 + 3y_2 + 3y_3 + y_4) + \frac{3h}{8}(y_4 + 3y_5 + 3y_6 + y_7) \tag{6.18}$$

:(3h+3h Recursive Form)

적분 구간의 크기가 9h 이면 총면적 A:

$$A = \frac{3h}{8}(y_1 + 3y_2 + 3y_3 + y_4) + \frac{3h}{8}(y_4 + 3y_5 + 3y_6 + y_7) + \frac{3h}{8}(y_7 + 3y_8 + 3y_9 + y_{10}) \tag{6.19}$$

:(3h+3h+3h Recursive Form)

따라서 일반적인 경우에 적분 구간 [a, b]를 n 개(n은 3의 배수)의 등분으로 나누어서 적분하면:

$$A = \frac{3h}{8}(y_1 + 3y_2 + 3y_3 + y_4) + \frac{3h}{8}(y_4 + 3y_5 + 3y_6 + y_7) + \cdots + \frac{3h}{8}(y_{n-2} + 3y_{n-1} + 3y_n + y_{n+1}) \tag{6.20}$$

$$A = \frac{3h}{8}\left[y_1 + 3\sum_{i=1}^{i=n/3}(y_{3i-1} + y_{3i}) + 2\sum_{i=1}^{i=n/3-1} y_{3i+1} + y_{n+1}\right] \tag{6.21}$$

단, $h = (b-a)/n$

```
error= abs((I - Ie)/I);
fprintf('\n Simpson 3/8 Rule:')
fprintf('\n Integration=%.4f, n=%.0f, error=%.8f  \n\n', I, n, error)
% ========= end of ex605.m ==========================
```

예제 6.5 프로그램 실행결과

```
?ex605
Lower bound= 2
Upper bound= 5
Triple number of grids= 3

 Simpson 3/8 Rule:
 Integration=90.0000, n=3, error=0.00000000
```

6.4 가우스 적분(Gauss Quadrature)

1) 원리

사다리꼴 공식, Simpson의 공식은 함수의 기울기를 고려하지 않고 적분 구간을 균등하게 나누어 계산하므로 정밀도가 저하될 수 있다. 이러한 단점을 보완하기 위한 방법으로서 가우스 구적법이 있다.

가우스 구적법은 최적의 적분 값을 구하기 위하여 적분구간을 조정하고 이에 따른 가중계수를 적용하여 근사식을 복합 함수로 변형하여 적분을 계산하는 것이다. [그림 6.3]에 보인 바와 같이 사다리꼴 적분의 오차는 매우 크지만 가우스 적분의 오차는 상대적으로 작다.

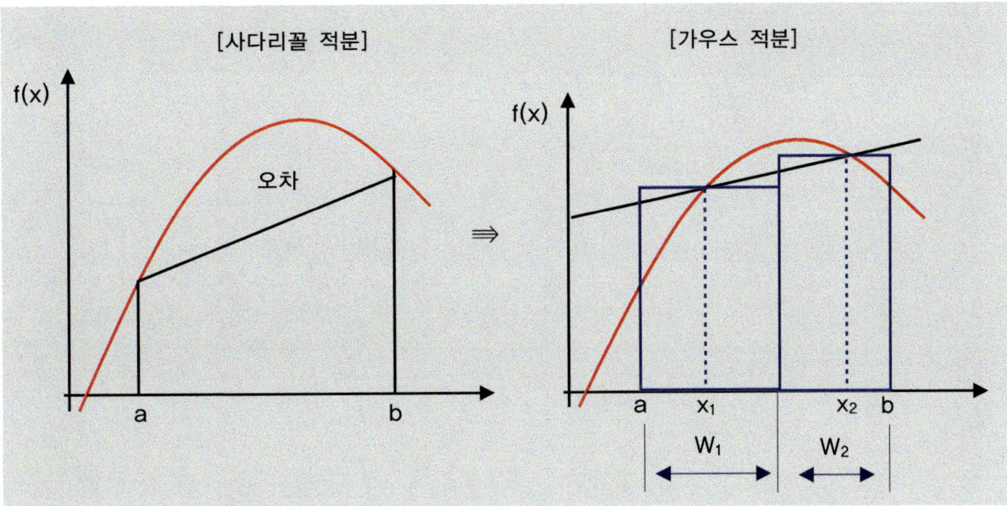

그림 6.3 사다리꼭 적분오차와 가우스 적분오차 비교

2) 가우스 적분 공식 유도

구간 [a, b]에서 적분식의 일반적 표현은 다음과 같다.

$$\int_a^b y\,dx = (b-a)\,f_{av} \tag{6.23}$$

식 (6.23)에서 (b-a)는 구간의 크기, f_{av}는 함수의 평균값을 뜻한다. 한편, 함수의 평균값 f_{av}는 복합함수에 의해서 근사적으로 표현될 수 있다.

$$\int_a^b y\,dx = W_1\,f(x_1) + W_2\,f(x_2) + \ldots + W_n\,f(x_n) \tag{6.24}$$

식 (6.24)에서 $W_1, W_2, \ldots, W_n$은 가중계수이고 $x_1, x_2, \ldots, x_n$은 함수 값을 결정할 점이다. 여기에서 변형된 적분식을 확정하기 위한 미지수는 모두 $n+n=2n$ 개이며 복합함수는 $2n-1$차의 다항식을 취한다. 우변의 2 개항만 고려한 경우 즉, $n=2$ 인 경우에 대하여 가우스 적분 공식을 유도해 보자.

임의의 t값에 대해서 적분구간[−1, 1]에 대한 적분은 다음과 같이 변형된다.

$$\int_{-1}^{1} f(t)\,dt = W_1 f(t_1) + W_2 f(t_2) \tag{6.25}$$

미지수 W_1, W_2, t_1, t_2를 구하기 위해 $f(t) = t^k \quad (k = 0,1,2,3)$를 식 (6.25)에 대입하여 4 개의 연립 방정식을 얻는다.

$$k = 3\text{이면} \quad f(t) = t^3 : \quad \int_{-1}^{1} t^3\,dt = 0 = W_1 t + W_2 t_2^3$$

$$k = 2\text{이면} \quad f(t) = t^2 : \quad \int_{-1}^{1} t^2\,dt = \frac{2}{3} = W_1 t + W_2 t_2^2$$

$$k = 1\text{이면} \quad f(t) = t : \quad \int_{-1}^{1} t\,dt = 0 = W_1 t_1 + W_2 t_2$$

$$k = 0\text{이면} \quad f(t) = 1 : \quad \int_{-1}^{1} dt = 2 = W_1 + W_2$$

연립 방정식을 풀면

$$W_1 = 1, \qquad W_2 = 1$$

$$t_1 = -1/\sqrt{3} = -0.5773, \quad t_2 = 1/\sqrt{3} = 0.5773$$

이 값을 식 (6.25)에 대입하면

$$\int_{-1}^{1} f(t)\,dt = 1 \times f(-0.5773) + 1 \times f(0.5773) \tag{6.26}$$

식 (6.26)에서 1은 가중계수(weighting factor)이며 적분점의 수에 따라 각각 다른 값을 취한다.

일반적인 경우에 임의의 적분구간[a, b]에 대한 가우스 적분은 다음과 같이 변수 변환에 의하여 얻어질 수 있다.

$$\frac{x-a}{b-a} = \frac{t-(-1)}{1-(-1)} \tag{6.27}$$

$$\therefore x = \frac{(b-a)t + b + a}{2}, \quad dx = \frac{b-a}{2}\,dt \tag{6.28}$$

구간 [a, b]에 대한 적분은:

$$\int_a^b f(x)\,dx = \frac{b-a}{2}\int_{-1}^{1} f\left[\frac{(b-a)t+b+a}{2}\right]dt \qquad (6.29)$$

즉, 구간 [a, b]에서의 적분은 식 (6.29)를 이용하여 구간 [−1,1]에서의 가우스 적분으로 변환하여 계산된다.

일반적인 가우스 적분식(Gaussian quadrature)을 정리하면 [표 6.1]과 같다.

[−1,1]에서 함수 f(x)의 적분 값은:

- 1차원 적분인 경우

$$I_1 = \int_{-1}^{1} f(x)\,dx \cong \sum_{i=1}^{n} W_i f(x_i) \qquad (6.30)$$

- 2차원 적분인 경우

$$I_2 = \int_{-1}^{1}\int_{-1}^{1} f(x,y)\,dxdy \cong \sum_{i=1}^{n}\sum_{j=1}^{m} W_{ij} f(x_i, y_j) \qquad (6.31)$$

- 3차원 적분인 경우

$$I_3 = \int_{-1}^{1}\int_{-1}^{1}\int_{-1}^{1} f(x,y,z)\,dxdydz$$

$$\cong \sum_{i=1}^{n}\sum_{j=1}^{m}\sum_{k=1}^{l} W_{ijk} f(x_i, y_j, z_k) \qquad (6.32)$$

단, W: weighing factor, x,y,z: 적분점의 좌표, n,m,l: 적분점의 수

표 6.1
가우스 적분식

식 (6.30) ~ 식 (6.32)를 사용하기 위해서는 적분점의 좌표값과 가중계수를 먼저 알아야 한다. [표 6.2]는 1차원 적분에 대한 적분점의 좌표값과 가중계수의 관계이다.

적분점 수, n	적분점 좌표, t_i	가중계수, W_i
2	−0.5773502692	1.0
	0.5773502692	1.0
3	−0.7745966692	0.555555555
	0.0	0.888888888
	0.7745966692	0.555555555
4	−0.8611363116	0.3478548451
	−0.3399810436	0.5521451549
	0.3399810436	0.5521451549
	0.8611363116	0.3478548451
5	−0.9061798459	0.2369268851
	−0.5384693101	0.4786286705
	0.0	0.5688888888
	0.5384693101	0.4786286705
	0.9061798459	0.2369268851
6	−0.9324695142	0.1713244924
	−0.6612093865	0.3607615730
	−0.2386191861	0.4679139364
	0.2386191861	0.4679139364
	0.6612093865	0.3607615730
	0.9324695142	0.1713244924
7	−0.9491079123	0.1294849662
	−0.7415311856	0.2797053915
	−0.4058451514	0.2818300505
	0.0	0.4179591837
	0.4058451514	0.2818300505
	0.7415311856	0.2797053915
	0.9491079123	0.1294849662
8	−0.9602898565	0.1012285363
	−0.7966664774	0.2223810345
	−0.5255324099	0.3137066459
	−0.1834346425	0.3626837834
	0.1834346425	0.3626837834
	0.5255324099	0.3137066459
	0.7966664774	0.2223810345
	0.9602898565	0.1012285363

표 6.2
가우스 적분점
좌표와 가중계수

예제 6.6 ▸ 다음 적분을 가우스 적분법으로 구하여라.

$$I_1 = \int_{-1}^{1} f(x)\,dx = \int_{-1}^{1} x^2\,dx$$

풀 이

적분점 수 n=5로 취하면

$$I_1 = \sum_{i=1}^{5} W_i\, f(x_i)$$

$$= W_1 f(x_1) + W_2 f(x_2) + W_3 f(x_3) + W_4 f(x_4) + W_5 f(x_5)$$

[표 6.2]에서

i	W_i	x_i
1	0.2369268851	−0.9061798459
2	0.4786286705	−0.5384693101
3	0.5688888888	0
4	0.4786286705	0.5384693101
5	0.2369268851	0.9061798459

$$I_1 = 0.2369 \times f(-0.9062) + 0.4786 \times f(-0.5385) + 0.5689 \times f(0)$$

$$+ 0.4786 \times f(0.5385) + 0.2369 \times f(0.9062) = 0.666$$

(정확해는 2/3 = 0.6666…)

예제 6.7 ▸ 다음 적분을 가우스 적분법으로 구하여라. 적분점 수 n=3이다.

$$I_1 = \int_{1}^{3} f(x)\,dx = \int_{1}^{3} x^3\,dx$$

풀 이

식 (6.28) 로부터 $a = 1, b = 3$이므로

$$x = \frac{(b-a)t + b + a}{2}, \quad dx = \frac{b-a}{2} dt$$

$$x = \frac{(3-1)t + 3 + 1}{2} = t + 2$$

$$dx = \frac{3-1}{2} dt = dt$$

$$I_1 = \int_1^3 f(x)\,dx = \int_{-1}^1 (t+2)^3\,dt \cong \sum_{i=1}^3 W_i\, f(t_i)$$

적분점 수 $n = 3$인 경우에 [표 6.2]로부터

i	W_i	t_i
1	0.5555555555	−0.7745966692
2	0.8888888888	0
3	0.5555555555	0.7745966692

$$\begin{aligned} I_1 &= W_1 f(t_1) + W_2 f(t_2) + W_3 f(t_3) \\ &= 0.5556 \times f(-0.7746) + 0.8889 \times f(0) + 0.5556 \times f(0.7746) \\ &= 20.0012 \end{aligned}$$

(정확해는 20.0000)

3) 프로그램 순서

① 적분 구간[a, b] 입력
② 적분점 수[n] 입력
③ 적분점의 좌표값과 가중계수 선정
④ 변수변환 및 적분 계산

$$I = \frac{b-a}{2} \sum_{i=1}^{n} W_i \cdot f\left[\frac{(b-a)t_i + b + a}{2}\right]$$

예제 6.8 ▸ 가우스 적분 공식을 사용하여 다음의 정적분을 계산하는 프로그램을 작성하여라. (정확해는 546.666666...)

$$I = \int_{2}^{10} (x^2 + 4x + 3)dx$$

예제 6.8 가우스 적분 프로그램

```
% === ex608.m: Numerical Integration _ Gaussian quadrature ===
clear
% --- variables ----
% a, b: lower bound, upper bound
% n: number of integration point
% f: function f(x)= x^2 + 4*x + 3;
% --- input data points ---
a= input('Lower bound= ');
b= input('Upper bound= ');
n= input('Number of integration points= ');
% --- Integration point: T and Weighting factor: W ---
if n==2
   T= [-0.5773502692  0.5773502692]; W=[1. 1.];
elseif n==3
   T=  [-0.7745966692    0.0    0.7745966692];  W=[0.555555555
0.888888888  0.555555555];
elseif n==4
   T= [-0.8611363116  -0.3399810436  0.3399810436  0.8611363116];
   W= [0.3478548451  0.5521451549   0.5521451549  0.3478548451];
elseif n==5
   T= [-0.9061798459  -0.5384693101  0  0.5384693101 0.9061798459];
   W=  [0.2369268851    0.4786286705    0.5688888888    0.4786286705
0.2369268851];
elseif n==6
   T= [-0.9324695142  -0.6612093865  -0.2386191861 0.2386191861
0.6612093865  0.9324695142];
   W=  [0.1713244924   0.3607615730   0.4679139364   0.4679139364
0.3607615730 0.1713244924];
elseif n==7
  T=[-0.9491079123   -0.7415311856   -0.4058451514     0.0
0.4058451514  0.7415311856  0.9491079123];
```

```
   W=  [0.1294849662      0.2797053915      0.2818300505
0.4179591837  0.2818300505  0.2797053915  0.1294849662];
 elseif n==8
   T= [-0.9602898565  -0.7966664774  -0.5255324099  -0.1834346425
0.1834346425  0.5255324099  0.7966664774  0.9602898565];
  W= [0.1012285363   0.2223810345   0.3137066459   0.3626837834
0.3626837834  0.3137066459  0.2223810345  0.1012285363];
 end
 % --- Gauss quadrature: Gq --------------
 Gq= 0.;
 for i=1:n
   x= ((b-a)*T(i)+b+a)/2;
   Gq= Gq + W(i)*f(x);
 end
 Gq= (b-a)/2*Gq;
 fprintf('\n Gauss quadrature:')
 fprintf('\n Integration=%.6f, n=%.0f  \n\n', Gq, n)
 % ========= end of ex608.m =========================
```

예제 6.8 프로그램 실행결과

```
?ex608
Lower bound= 2
Upper bound= 10
Number of integration points= 3

 Gauss quadrature:
 Integration=546.666666, n=3

?ex608
Lower bound= 2
Upper bound= 10
Number of integration points= 5

 Gauss quadrature:
 Integration=546.666667, n=5
```

연습 문제

6.1 사다리꼴 적분공식을 적용하여 등분 수를 각각 8, 25, 100으로 하였을 때 아래 함수의 정적분을 계산하여 정확해에 대한 상대오차를 평가하여라.

$$\int_0^{\frac{\pi}{4}} \sin(x)dx$$

6.2 Simpson의 1/3 공식을 적용하여 아래 함수의 정적분을 계산하여라.

$$\int_0^1 \frac{1}{2+x} dx$$

6.3 Simpson의 3/8 공식을 적용하여 아래 함수표에 대한 정적분 $\int_0^{0.8} f(x)dx$를 구하여라.

x	0	0.1	0.2	0.3	0.4	0.5	0.6	0.7	0.8
f(x)	0	2.2120	3.0244	3.2568	3.1399	2.8579	2.5410	2.1639	1.8358

6.4 가우스 적분법에 의하여 다음의 정적분을 계산하여라.

$$\int_1^3 \frac{1}{x} dx$$

7 장

수치 미분

공학에 응용되는 지배 방정식은 도함수를 포함하는 식으로 주어지는 경우가 대부분이므로 특정 위치나 시간에서의 어떤 물리량의 값을 알고자 한다면 도함수의 값을 알아야할 필요가 있다. 7장에서는 이들 도함수의 값을 수치해석에 의하여 구하는 방법을 소개한다. 수학적으로 도함수의 값을 알기 위해서는 미분에 의하여 도함수를 우선 구해야 하지만 수치해석적 방법은 함수의 값을 이용하여 도함수의 값을 쉽게 구할 수 있다는 장점이 있다.

7.1 유한차분법(Finite Difference Method)

수학적으로 지배방정식은 정의역 내에서 연속이지만 수치 해석에서는 이산적인 값들로서 표현된다. 연속적인 값을 모두 취급하기 위해서는 고성능의 컴퓨터 장비가 필요하며 장기간의 계산시간이 소요되는 등 경제성의 문제가 있으므로 수치해석에서는 연속적인 값들 중에서 계산영역에 고르게 분포된 유한한 숫자의 값들만이 취급된다. 유한차분법은 이런 방법 중의 하나로서 도함수의 값들을 이산적인 점에서의 값들의 차로 근사화시켜 획득하는 방법이다. 이를 위해서는 먼저, 계산 영역을 세분화하여 격자를 생성시켜야 하고 각 격자점에서 함수값을 알고 있어야 한다.

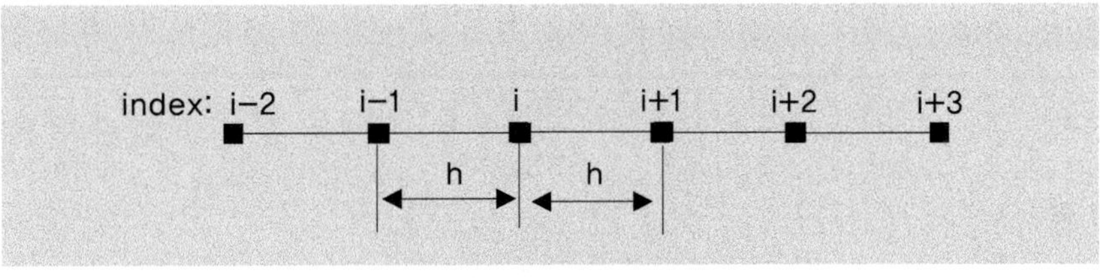

그림 7.1 유한차분법의 1차원 격자

독립변수 x의 함수 f에 대하여 어떤 위치에서 f 함수값과 모든 도함수의 값을 알고 있다면 격자 크기를 h라고 하였을 때 인접하는 격자점에서의 함수값은 Taylor 급수를 이용하면 다음과 같이 표현된다.

$$f(x+h)=f(x)+h\frac{df}{dx}+\frac{h^2}{2!}\frac{d^2f}{dx^2}+\frac{h^3}{3!}\frac{d^3f}{dx^3}+\frac{h^4}{4!}\frac{d^4f}{dx^4}+\dots \tag{7.1}$$

$$f(x-h)=f(x)-h\frac{df}{dx}+\frac{h^2}{2!}\frac{d^2f}{dx^2}-\frac{h^3}{3!}\frac{d^3f}{dx^3}+\frac{h^4}{4!}\frac{d^4f}{dx^4}-\dots \tag{7.2}$$

식 (7.1)에서 항의 개수를 무한히 늘려 나가면 정확해와 같아지지만 2차항 이상을 h^2에 비례하는 오차로 간주하여 $E(h^2)$으로 나타내면:

$$f(x+h)=f(x)+h\frac{df}{dx}+E(h^2) \tag{7.3}$$

식 (7.3)을 $\frac{df}{dx}$에 대하여 정리하면:

$$\frac{df}{dx}=\frac{f(x+h)-f(x)}{h}+E(h) \tag{7.4}$$

식 (7.4)에서 우변 둘째 항을 무시하면 오차의 크기가 h에 비례하는 차분식을 얻을 수 있다.

$$\frac{df}{dx}=\frac{f(x+h)-f(x)}{h} \tag{7.5}$$

식 (7.5)는 이산적인 값으로서 특정 x에 대한 도함수의 값을 의미한다. 격자점의 인덱스를 i $(i=1,2,3,\dots)$라고 하면 $x=(i-1)h$, $f(x)=f_i$, $f(x+h)=f_{i+1}$, $f(x-h)=f_{i-1}$ 등으로 나타낼 수 있으므로 식 (7.5)의 일반형은 다음과 같이 표현된다.

$$\left(\frac{df}{dx}\right)_i=\frac{f_{i+1}-f_i}{h} \tag{7.6}$$

식 (7.6)은 격자점 i의 도함수 값은 격자점 i+1의 함수값에서 격자점 i의 함수값을 뺀 것을 격자간격으로 나눈 것을 뜻한다. 이와 같이 유한차분법은 격자점의 함수 값의 차이를 이용하여 도함수를 구한다. 특히 식 (7.6)은 현재 격자점의 값과 앞으로 한 단계 나아간 격자점의 값을 이용하므로 '전방차분식(forward difference approximation)'이라고 칭한다.

식 (7.2)를 이용하여 이상의 과정을 적용하면 식 (7.7)의 '후방차분식(backward difference approximation)'이 유도된다.

$$\left(\frac{df}{dx}\right)_i = \frac{f_i - f_{i-1}}{h} \tag{7.7}$$

식 (7.1)에서 (7.2)를 빼서 $\frac{df_i}{dx}$에 대하여 정리하면:

$$\left(\frac{df}{dx}\right)_i = \frac{f_{i+1} - f_{i-1}}{2h} \tag{7.8}$$

식 (7.8)은 기준 격자점을 중앙에 두고 전후의 격자점을 사용하므로 '중앙차분식(central difference approximation)'이라고 한다. 중앙차분식의 오차는 h^2에 비례한다.

이상의 결과들을 정리하면 [표 7.1]과 같다.

표 7.1
유한차분법

명칭	유한차분식	정밀도
전방차분 (forward difference)	$\left(\frac{df}{dx}\right)_i = \frac{f_{i+1} - f_i}{h}$ (7.6)	오차 $\propto$ h
후방차분 (backward difference)	$\left(\frac{df}{dx}\right)_i = \frac{f_i - f_{i-1}}{h}$ (7.7)	오차 $\propto$ h
중앙차분 (central difference)	$\left(\frac{df}{dx}\right)_i = \frac{f_{i+1} - f_{i-1}}{2h}$ (7.8)	오차 $\propto$ h^2

이것을 그래프로 나타내면 [그림 7.2]와 같다. 그래프에서 각 차분식의 값, $\left(\frac{df}{dx}\right)_i$는 두 점을 연결하는 직선의 기울기와 같으며 중앙차분식이 가장 정밀하다는 것을 알 수 있다.

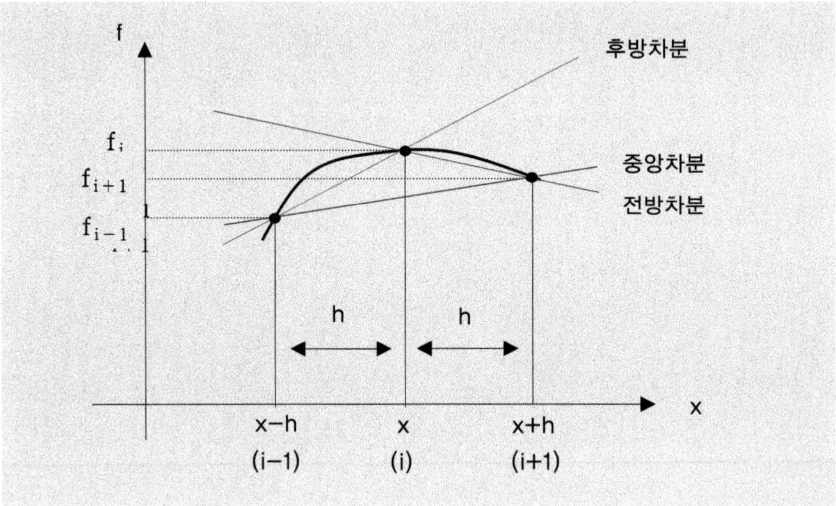

그림 7.2 유한차분법

예제 7.1 ▸ 구간 [1, 2]에서 $f(x) = x^2 + 4x + 3$의 1계 도함수 $\frac{df}{dx}$를 유한차분법으로 구하여 정확해와 그 결과를 비교하여라.

```
% === ex701.m: Finite difference approximation  =====
clear
% --- variables ----
% n: number of data points, dx: grid size
% F: 1-D array for the original function
% X: 1-D array for the independent variable
% Fd: 1-D array for the derivative
% Fe: 1-D array for the exact derivative
% --- the independent variable ---
dx= 0.1;
X= [1: dx: 2];
% --- the original function ---
n= length(X);
for i=1:n
   F(i)=f(X(i));
end
% --- calculation of the derivative ---
for i=1:n
```

```
    if i==1
        Fd(i)= (F(i+1)-F(i))/dx;          % forward difference
    elseif i==n
        Fd(i)= (F(i)-F(i-1))/dx;          % backward difference
    else
        Fd(i)= (F(i+1)-F(i-1))/(2*dx);    % central difference
    end
end
% --- exact solution ---------------
for i=1:n
    Fe(i)=fp(X(i));
end
% --- ouput data ------------------
fprintf('Exact solution:'); Fe
fprintf('Finite difference:'); Fd
% === end of ex701.m ========================
```

예제 7.1 프로그램 실행결과

```
?ex701
Exact solution:
Fe =

  Columns 1 through 7

    6.0000      6.2000      6.4000      6.6000      6.8000
7.0000    7.2000

  Columns 8 through 11

    7.4000    7.6000    7.8000    8.0000

Finite difference:
Fd =

  Columns 1 through 7
```

```
      6.1000        6.2000        6.4000        6.6000        6.8000
 7.0000    7.2000

   Columns 8 through 11

     7.4000    7.6000    7.8000    7.9000
```

i	정확해 Fe	유한차분 Fd	오차 |Fe − Fd|
1	6.0000	6.1000	0.1
2	6.2000	6.2000	0
3	6.4000	6.4000	0
4	6.6000	6.6000	0
5	6.8000	6.8000	0
6	7.0000	7.0000	0
7	7.2000	7.2000	0
8	7.4000	7.4000	0
9	7.6000	7.6000	0
10	7.8000	7.8000	0
11	8.0000	7.9000	0.1

표 7.2
[예제 7.1] 프로그램 실행결과 비교

[표 7.2]에 비교된 바와 같이 전방차분을 적용한 시작점과 후방차분을 적용한 최종점에서의 유한차분은 오차가 크게 나타나고 있으나 중앙차분을 적용한 중간점들의 유한차분은 정확해와 일치한다. 시작점과 최종점에서 오차를 줄이기 위해서는 격자간격을 작게 취하는 편이 유리하다. (1장 3절 참조)

7.2 다변수 함수에 대한 유한차분

f가 독립변수 x 및 y의 함수인 경우에, 유한차분을 이용하여 편도함수를 구하는 방법은 '7장 1절'의 방법과 대동소이하다. 즉, 하나의 독립 변수에 대한 편도함수를 구할 때 나머지 독립 변수들은 변화가 없다고 취급한다. [그림 7.3]에 2차원 격자를 나타내었고 [표 7.3]에 유한차분식을 나타내었다. 여기서 i는 x방향의 인덱스, j는 y

방향의 인덱스, Δx는 x방향의 격자크기, Δy는 y방향의 격자크기를 각각 의미한다.

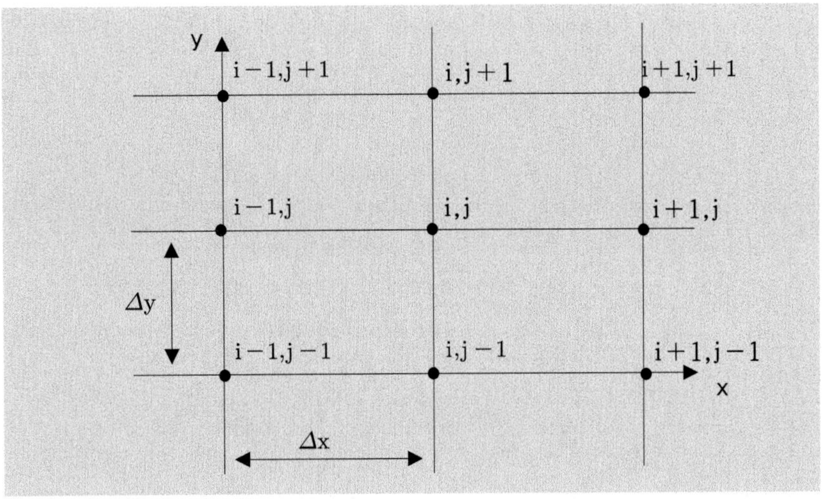

그림 7.2 2차원 격자

표 7.3 편도함수의 유한 차분

명칭	유한차분식	정밀도
전방차분 (forward difference)	$\left(\frac{af}{ax}\right)_{i,j} = \frac{f_{i+1,j} - f_{i,j}}{\Delta x}$ (7.9) $\left(\frac{af}{ay}\right)_{i,j} = \frac{f_{i,j+1} - f_{i,j}}{\Delta y}$ (7.10)	오차 $\propto \Delta x$ 오차 $\propto \Delta y$
후방차분 (backward difference)	$\left(\frac{af}{ax}\right)_{i,j} = \frac{f_{i,j} - f_{i-1,j}}{\Delta x}$ (7.11) $\left(\frac{af}{ay}\right)_{i,j} = \frac{f_{i,j} - f_{i,j-1}}{\Delta y}$ (7.12)	오차 $\propto \Delta x$ 오차 $\propto \Delta y$
중앙차분 (central difference)	$\left(\frac{af}{ax}\right)_{i,j} = \frac{f_{i+1,j} - f_{i-1,j}}{2\Delta x}$ (7.13) $\left(\frac{af}{ay}\right)_{i,j} = \frac{f_{i,j+1} - f_{i,j-1}}{2\Delta y}$ (7.14)	오차 $\propto \Delta x^2$ 오차 $\propto \Delta y^2$

예제 7.2 ▸ 구간 $[-1 \leq x \leq 1, 0 \leq y \leq 2]$에서 $f(x,y) = x^3 + 4x + y^2 - 2y + 3$의 1계 편도함수를 유한차분법으로 구하여라.

예제 7.2 편도함수 유한차분법 프로그램

```
% === ex702.m: FDM, partial derivatives =====
clear
% --- variables ----
% dx, dy: grid size
% imax, jmax: number of nodes
% F: 2-D array for the original function
% Fdx: 2-D array for the derivative about x
% Fdy: 2-D array for the derivative about y
% --- the independent variable ---
dx= 0.1; dy=0.1;
X= [-1: dx: 1]; Y= [-1: dy: 2];
% --- the original function ---
imax= length(X); jmax= length(Y);
for i=1:imax
   for j=1:jmax
      F(i,j)= fxy(X(i), Y(j));
   end
end
% --- calculation of the derivative ---
Fdx= zeros(imax, jmax);
for i=1:imax
   for j=1:jmax
      if i==1
         Fdx(i,j)= (F(i+1,j)-F(i,j))/dx;        % forward difference
      elseif i==imax
         Fdx(i,j)= (F(i,j)-F(i-1,j))/dx;        % backward difference
      else
         Fdx(i,j)= (F(i+1,j)-F(i-1,j))/(2*dx);  % central difference
      end
   end
end
Fdy= zeros(imax, jmax);
```

```
for i=1:imax
   for j=1:jmax
      if j==1
       Fdy(i,j)= (F(i,j+1)-F(i,j))/dy;        % forward difference
      elseif j==jmax
         Fdy(i,j)= (F(i,j)-F(i,j-1))/dy;        % backward difference
      else
         Fdy(i,j)= (F(i,j+1)-F(i,j-1))/(2*dy);  % central difference
      end
   end
end
% --- ouput data ------------------
figure(1); mesh(F'),...
   title('Original function'),...
   xlabel('x'),...
   ylabel('y'),...
figure(2); mesh(Fdx'),...
   title('Partial derivative about x'),...
   xlabel('x'),...
   ylabel('y'),...
figure(3); mesh(Fdy'),...
   title('Partial derivative about y'),...
   xlabel('x'),...
   ylabel('y')
% === end of ex702.m =========================
```

예제 7.2 함수 정의 프로그램

```
% === fxy.m: Definition of function =====
function z = fxy(x,y)
z = x^3 + 4*x + y^2 - 2*y + 3;
% === end of fxy.m ==================
```

예제 7.2 프로그램 실행결과

```
?ex702
```

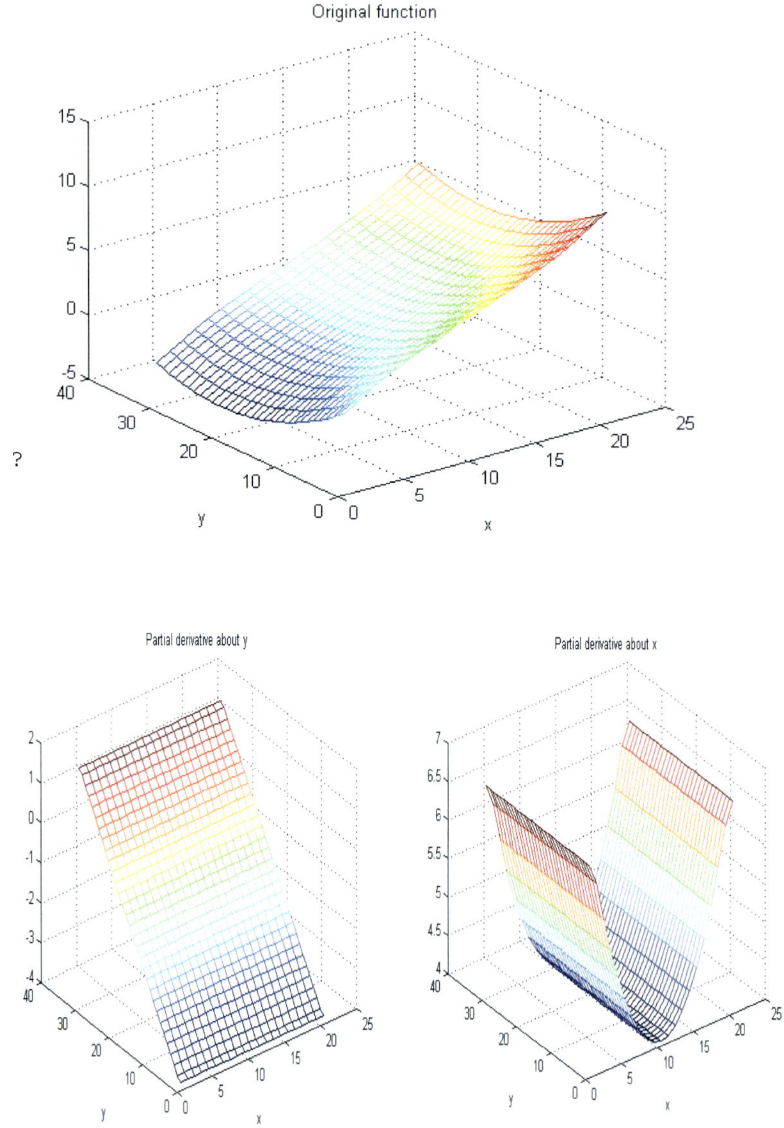

?

7.3 고계 도함수의 유한차분

독립변수 x 및 y의 함수 f에 대하여 어떤 위치에서 f 함수값과 모든 도함수의 값을 알고 있을 때 인접하는 격자점에서의 함수값은 Taylor 급수를 이용하면 다음과 같이 표현된다.

$$f(x-2\Delta x,y)=f(x,y)-2\Delta x\frac{\partial f}{\partial x}+\frac{(2\Delta x)^2}{2!}\frac{\partial^2 f}{\partial x^2}-\frac{(2\Delta x)^3}{3!}\frac{\partial^3 f}{\partial x^3}+\frac{(2\Delta x)^4}{4!}\frac{\partial^4 f}{\partial x^4}-\ldots \tag{7.15}$$

$$f(x-\Delta x,y)=f(x,y)-\Delta x\frac{\partial f}{\partial x}+\frac{\Delta x^2}{2!}\frac{\partial^2 f}{\partial x^2}-\frac{\Delta x^3}{3!}\frac{\partial^3 f}{\partial x^3}+\frac{\Delta x^4}{4!}\frac{\partial^4 f}{\partial x^4}-\ldots r \tag{7.16}$$

$$f(x+\Delta x,y)=f(x,y)+\Delta x\frac{\partial f}{\partial x}+\frac{\Delta x^2}{2!}\frac{\partial^2 f}{\partial x^2}+\frac{\Delta x^3}{3!}\frac{\partial^3 f}{\partial x^3}+\frac{\Delta x^4}{4!}\frac{\partial^4 f}{\partial x^4}+\ldots r \tag{7.17}$$

$$f(x+2\Delta x,y)=f(x,y)+2\Delta x\frac{\partial f}{\partial x}+\frac{(2\Delta x)^2}{2!}\frac{\partial^2 f}{\partial x^2}+\frac{(2\Delta x)^3}{3!}\frac{\partial^3 f}{\partial x^3}+\frac{(2\Delta x)^4}{4!}\frac{\partial^4 f}{\partial x^4}+\ldots \tag{7.18}$$

식 (7.15)에서 식 (7.16)의 양변에 2를 곱하여 빼면 식 (7.19)와 같이 2계 도함수의 후방차분식을 얻는다. 오차는 Δx에 비례한다.

$$\left(\frac{a^2 f}{ax^2}\right)_{i,j}=\frac{f_{i,j}-2f_{i-1,j}+f_{i-2,j}}{\Delta x^2} \tag{7.19}$$

식 (7.17)의 양변에 2를 곱하여 식 (7.18)을 빼면 식 (7.20)과 같이 전방차분식을 얻는다. 오차는 Δx에 비례한다.

$$\left(\frac{a^2 f}{ax^2}\right)_{i,j} = \frac{f_{i+2,j} - 2f_{i+1,j} + f_{i,j}}{\Delta x^2} \qquad (7.20)$$

식 (7.16)과 식 (7.17)을 더하여 $\frac{\partial^2 f}{\partial x^2}$에 대하여 정리하면 식 (7.21)과 같이 2계 도함수에 대한 중앙차분식이 구해진다. 오차는 Δx^2에 비례한다.

$$\left(\frac{a^2 f}{ax^2}\right)_{i,j} = \frac{f_{i+1,j} - 2f_{i,j} + f_{i-1,j}}{\Delta x^2} \qquad (7.21)$$

이상과 같이 인접하는 격자점의 함수 값에 대한 Taylor 급수와 적당한 산술조작에 의하여 3계, 4계 등 고계 도함수의 유한차분식을 구할 수 있다. [표 7.4]에 중앙차분을 이용한 고계 도함수의 유한차분식의 예를 정리하였다.

표 7.4
고계도함수의 유한차분

구분	유한차분식 (중앙차분)	정밀도
2계 도함수	$\left(\frac{a^2 f}{ax^2}\right)_{i,j} = \frac{f_{i+1,j} - 2f_{i,j} + f_{i-1,j}}{\Delta x^2}$ (7.21) $\left(\frac{a^2 f}{ay^2}\right)_{i,j} = \frac{f_{i,j+1} - 2f_{i,j} + f_{i,j-1}}{\Delta y^2}$ (7.22)	오차 $\propto \Delta x^2$ 오차 $\propto \Delta y^2$
3계 도함수	$\left(\frac{a^3 f}{ax^3}\right)_{i,j} = \frac{f_{i+2,j} - 2f_{i+1,j} + 2f_{i-1,j} - f_{i-2,j}}{2\Delta x^3}$ (7.23) $\left(\frac{a^3 f}{ay^3}\right)_{i,j} = \frac{f_{i,j+2} - 2f_{i,j+1} + 2f_{i,j-1} - f_{i,j-2}}{2\Delta y^3}$ (7.24)	
4계 도함수	$\left(\frac{a^4 f}{ax^4}\right)_{i,j} = \frac{f_{i+2,j} - 4f_{i+1,j} + 6f_{i,j} - 4f_{i-1,j} + f_{i-2,j}}{2\Delta x^4}$ (7.25) $\left(\frac{a^4 f}{ay^4}\right)_{i,j} = \frac{f_{i,j+2} - 4f_{i,j+1} + 6f_{i,j} - 4f_{i,j-1} + f_{i,j-2}}{2\Delta y^4}$ (7.26)	

예제 7.3 ▸ 구간 $[-1 \le x \le 1, 0 \le y \le 2]$ 에서 $f(x,y) = x^3 + 4x + y^2 - 2y + 3$의 2계 편도함수 $\frac{\partial^2 f}{\partial x^2}$를 유한차분법으로 구하여라.

예제 7.3 2계 편도함수 프로그램

```
% === ex703.m: FDM, 2nd order partial derivatives =====
clear
% --- variables ----
% dx, dy: grid size
% imax, jmax: number of nodes
% F: 2-D array for the original function
% Fdx2: 2-D array for the 2nd order derivative about x
% --- the independent variable ---
dx= 0.1; dy=0.1;
X= [-1: dx: 1]; Y= [-1: dy: 2];
% --- the original function ---
imax= length(X); jmax= length(Y);
for i=1:imax
   for j=1:jmax
      F(i,j)= fxy(X(i), Y(j));
   end
end
% --- calculation of the derivative ---
Fdx2= zeros(imax, jmax);
for i=1:imax
   for j=1:jmax
      if i==1
         Fdx2(i,j)= (F(i+2,j)-2*F(i+1,j)+F(i,j))/dx^2;  % forward
      elseif i==imax
         Fdx2(i,j)= (F(i,j)-2*F(i-1,j)+F(i-2,j))/dx^2;  % backward
      else
         Fdx2(i,j)= (F(i+1,j)-2*F(i,j)+F(i-1,j))/dx^2;  % central
      end
   end
end
% --- ouput data ------------------
mesh(Fdx2'),...
   title('2nd order partial derivative about x'),...
   xlabel('x'),...
   ylabel('y'),...
% === end of ex703.m ========================
```

예제 7.3 프로그램 실행결과

?ex703

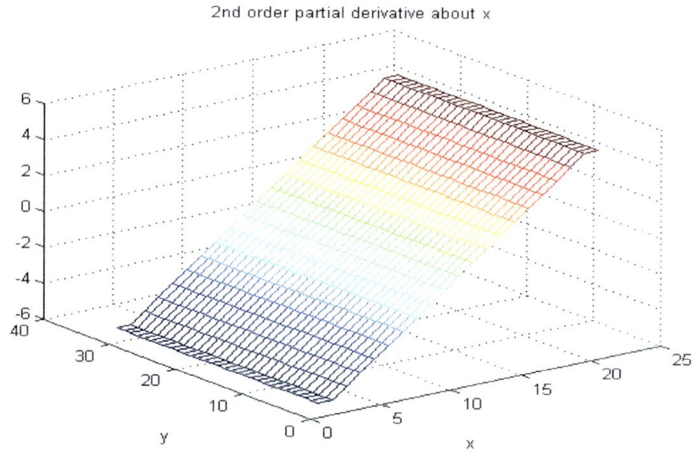

연습 문제

7.1 유한차분법을 적용하여 정의역 [−3, 2]에 대한 $f(x)=x^3-3x^2+6x-3$의 도함수 $\frac{df}{dx}$의 값을 계산하여라. 격자 크기는 0.2이다.

7.2 유한차분법을 적용하여 정의역 [−3, 2]에 대한 $f(x)=x^3-3x^2+6x-3$의 2계 도함수 $\frac{d^2f}{dx^2}$의 값을 계산하여라. 격자 크기는 0.2이다.

7.3 구간 $[-1 \le x \le 1, 0 \le y \le 2]$에서 $f(x,y)=x^3+4x+y^4-2y^3+3$의 2계 편도함수 $\frac{\partial^2 f}{\partial y^2}$를 유한차분법으로 구하여라. 격자 크기는 0.1이다.

8 장

상미분 방정식

미분 방정식이란 [표 8.1]의 식들과 같이 도함수 또는 미분을 포함하는 방정식을 말한다. 미분 방정식의 계수는 미분 방정식에 포함된 도함수의 최고 차수이다. 독립 변수가 단 1 개인 미분 방정식을 상미분 방정식, 2 개 이상이면 편미분 방정식이라고 한다. [표 8.1]의 No.1에서 y는 x만의 함수이고 $\frac{dy}{dx}$가 1차 도함수이므로 No.1 식은 '제1계 상미분 방정식'이다. No.4 식은 T의 독립 변수는 x 및 y이고 도함수의 최고 차수가 2차이므로 '제2계 편미분 방정식'이다.

No	형태	명칭	비고
1	$\frac{dy}{dx}+\frac{y}{x}=y^2$	제1계 상미분 방정식	$\frac{dy}{dx}$: 1차 도함수
2	$(x+y)dx+(y-x)dy=0$	제1계 상미분 방정식	dx, dy : 1차 미분
3	$\frac{d^2Q}{dt^2}-3\frac{dQ}{dt}+2Q=4\sin 2t$	제2계 상미분 방정식	$\frac{d^2Q}{dt^2}$: 2차 도함수
4	$\frac{\partial^2 T}{\partial x^2}+\frac{\partial^2 T}{\partial y^2}=0$	제2계 편미분 방정식	T는 x 및 y의 함수

표 8.1
미분 방정식의 예

수학적으로 미분 방정식의 해를 구한다는 것은 [예제 8.1]에 보인 바와 같이 주어진 미분 방정식을 만족하는 함수를 구하는 것을 의미한다.

예제 8.1 ▸ 미분 방정식 $\frac{d^2y}{dx^2}=2$의 해를 구하여라.

풀 이

주어진 미분 방정식을 적분하면: $\frac{dy}{dx}=2x+c_1$ — ①

식①을 적분하면: $y=x^2+c_1x+c_2$ — ② 해

(c_1, c_2는 임의의 상수)

수치해석적 방법으로 미분 방정식을 풀이하는 것은 주어진 독립

변수의 값에 대응하는 종속변수의 값을 구하는 것이다. 경계에서 독립변수 및 종속변수의 값이 알려져 있는 상미분 방정식을 풀이하는 문제를 '경계치 문제'라고 하며 경계치 문제 중에서 시작점에서의 값만 알려져 있는 문제를 '초기치 문제'라고 한다. 초기치 문제의 상미분 방정식을 푸는 방법에는 오일러법, 런지 쿠타법 등이 있다.

8.1 오일러 법(Euler method)에 의한 초기치 문제의 해석

1) 원리

초기치 문제의 제1계 상미분 방정식의 일반형은 식 (8.1)과 같다.

$$\frac{dy}{dx} = f(x,y) \qquad y(x_1) = y_1 \tag{8.1}$$

식 (8.1)의 의미는 도함수 $\frac{dy}{dx}$는 x 및 y의 함수이고 독립 변수 초기치 x_1에 대응하는 종속 변수 초기치는 y_1이라는 것이다.

도함수는 수학적으로 식 (8.2)와 같이 정의되므로

$$\frac{dy}{dx} = \lim_{h \to 0} \frac{y(x+h) - y(x)}{h} \tag{8.2}$$

매우 작은 증분 h를 도입하여 식 (8.1)을 근사적으로 표현하면:

$$\frac{y(x_1+h) - y(x_1)}{h} = f(x_1,y_1) \tag{8.3}$$

$y(x_1+h)$에 대하여 정리하면:

$$y(x_1+h) = y(x_1) + hf(x_1,y_1) \tag{8.4}$$

식 (8.4)를 이용하여 이미 알고 있는 $y(x_1)$를 이용하여 다음 단계의 종속 변수 값 $y(x_1+h)$를 구할 수 있다. $y(x_1+h)$이 알려지면 같은 방법으로 $y(x_1+2h)$를 구한다. 이 방법을 반복하면 독립 변수에 대응하는 모든 종속 변수의 값을 구할 수 있다. 오일러 법은 초기치 (x_1, y_1)부터 시작하여 단계적으로 종속 변수의 값을 구해 나가는 것이기 때문에 'Step by step method'라고 한다.

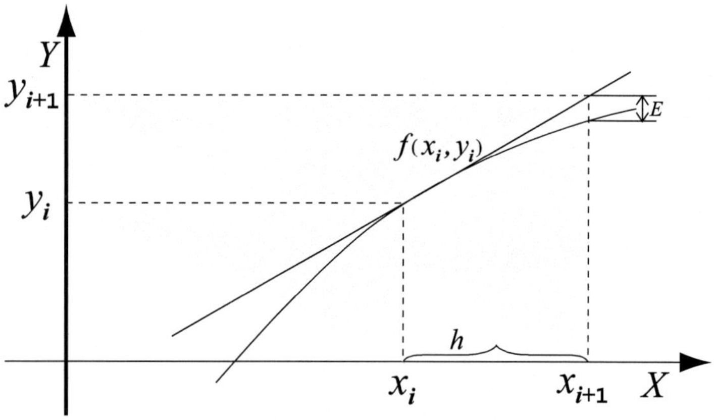

그림 8.1 오일러 법의 원리

$y_1 = y(x_1)$, $y_2 = y(x_1 + h)$, $y_3 = y(x_1 + 2h)$, $y_4 = y(x_1 + 3h)$,... 등으로 나타내면

$$
\begin{aligned}
y_2 &= y_1 + hf(x_1, y_1) \\
y_3 &= y_2 + hf(x_2, y_2) \\
y_4 &= y_3 + hf(x_3, y_3) \\
&\cdots \\
y_n &= y_{n-1} + hf(x_{n-1}, y_{n-1}) \\
y_{n+1} &= y_n + hf(x_n, y_n)
\end{aligned}
\tag{8.5}
$$

위의 관계로부터 오일러 법에 의한 상미분 방정식의 일반해는 다음과 같이 표현된다.

$$y_{i+1} = y_i + hf(x_i, y_i)$$

$$x_{i+1} = x_1 + ih, h = \frac{x_{n+1} - x_1}{n} \tag{8.6}$$

$$i = 1, 2, 3, \ldots, n$$

오일러 법을 사용할 때 주의할 점은 [그림 8.1]에 나타난 바와 같이 증분 h가 커지면 오차 ε도 커지므로 증분의 크기를 충분히 작게 선정해야 한다.

2) 프로그램 순서

① 함수 정의 ▸ 식(8.1)의 $f(x, y)$
② 등분 수 입력 ▸ n
③ 배열 선언 ▸ X(n+1,1), Y(n+1,1)
④ 경계치 입력 ▸ X(1), Y(1)
⑤ 구하고자하는 종속 변수의 값에 대응하는 독립 변수의 값 입력 ▸ X(n+1)
⑥ 등분간격 계산 ▸ h = (X(n+1) - X(1))/n
⑦ 식 (8.6)에 의하여 종속 변수 Y 의 값을 순차적으로 계산

예제 8.2 ▸ 다음의 초기치 문제에 대하여 $x = 0$부터 $x = 2$까지의 해를 오일러 법으로 구하여 독립 변수에 대한 종속 변수의 그래프를 작도하여라.

$$\frac{dy}{dx} = yx^2 - y \qquad y(0) = 1$$

예제 8.2 함수 정의 프로그램

```
% === fdydx.m: Definition of derivative =====
function dydx = fdydx(x,y)
dydx = y*x^2 - y;
% === end of fdydx.m ==================
```

예제 8.2 오일러 법 프로그램

```
% === ex802.m: Euler method  ===================
clear
% --- number of grid & array size -----
n= input('\n Number of grid= ');
X= zeros(n+1,1); Y= zeros(n+1,1);
% --- input initial values ------------
X(1)= input('\n Initial independent variable, Xi= ');
Y(1)= input(' Initial dependent variable, Yi= ');
% --- input final independent variable -----
X(n+1)= input('\n Final independent variable, Xf= ');
% --- grid size, h ---------------------
h= (X(n+1)-X(1))/n;
% --- iterations for dependent variables ----
for i=1:n
   Y(i+1)= Y(i) + h*fdydx(X(i),Y(i));
   X(i+1)= X(1) + i*h;
end
% --- output -------------------------
fprintf('\n Yf= %.4f , Xf= %.4f \n', Y(n+1), X(n+1));
plot(X,Y),...
   xlabel('x'),...
   ylabel('y')
% === end of ex802.m ======================
```

예제 8.2 프로그램 실행결과

```
?ex802

 Number of grid= 2000

 Initial independent variable, Xi= 0
 Initial dependent variable, Yi= 1

 Final independent variable, Xf= 2

 Yf= 1.9409 , Xf= 2.0000
```

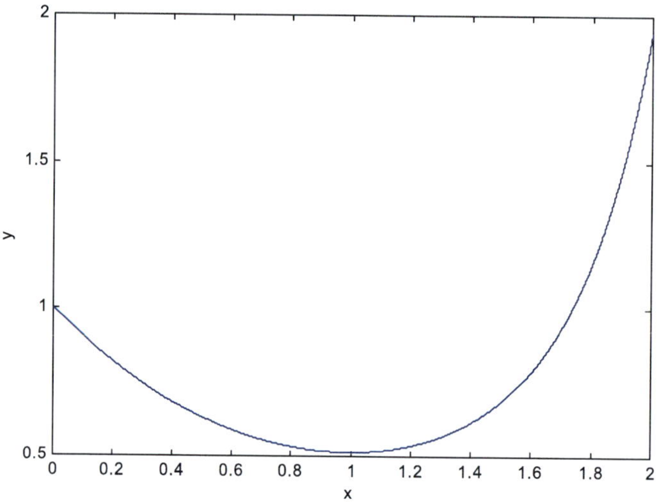

8.2 런지 쿠타법(Runge-Kutta method)에 의한 초기치 문제의 해석

1) 원리

식 (8.1)에 나타낸 초기치 문제의 상미분 방정식에서

$$\frac{dy}{dx} = f(x,y) \qquad y(x_1) = y_1 \tag{8.1}$$

y_i 값을 알고 있다면 식 (8.1)을 $x_i \leqq x \leqq x_{i+1}$ 구간에서 적분하면 식(8.7)이 얻어진다.

$$y_{i+1} = y_i + \int_{x_i}^{x_{i+1}} f(x_i, y_i) dx \tag{8.7}$$

식 (8.7)에서 우변 둘째 항의 적분 값을 결정하는 방법에 따라 2계, 3계 또는 4계 Runge-Kutta 공식이 얻어진다.

• 2계 Runge-Kutta 공식 ▸

식 (8.7)의 적분항에 사다리꼴 적분공식을 적용하면

$$\int_{x_i}^{x_{i+1}} f(x_i, y_i)dx \approx \frac{h}{2}\left[f(x_i, y_i) + f(x_{i+1}, y_{i+1})\right] \tag{8.8}$$

단, $h = x_{i+1} - x_i$

식 (8.8)에서 y_{i+1}은 알려지지 않은 값이므로 y_{i+1}의 근사값 $\overline{y}_{i+1}$을 적용하여 근사적으로 나타내면:

$$\int_{x_i}^{x_{i+1}} f(x_i, y_i)dx \approx \frac{h}{2}\left[f(x_i, y_i) + f(x_{i+1}, \overline{y}_{i+1})\right] \tag{8.9}$$

$\overline{y}_{i+1}$은 다음과 같이 오일러 법을 적용하여 결정할 수 있다.

식 (8.9)를 식 (8.7)에 대입하면:

$$y_{i+1} = y_i + \frac{h}{2}\left[f(x_i, y_i) + f(x_{i+1}, \overline{y}_{i+1})\right] \tag{8.10}$$

단, $\overline{y}_{i+1} = y_i + hf(x_i, y_i)$

표준형으로 나타내면:

$$\begin{aligned} k_1 &= hf(x_i, y_i) \\ k_2 &= hf(x_i + h, y_i + k_1) \\ y_{i+1} &= y_i + \frac{1}{2}(k_1 + k_2) \end{aligned} \tag{8.11}$$

• 3계 Runge-Kutta 공식 ▸

식 (8.7)의 적분항에 Simpson의 1/3공식을 적용하면

$$y_{i+1} = y_i + \frac{h}{6}\left[f(x_i, y_i) + 4f(x_{i+1/2}, y_{i+1/2}) + f(x_{i+1}, y_{i+1})\right] \tag{8.12}$$

단, $h = x_{i+1} - x_i$

식 (8.12)에서 $y_{i+1/2}$, y_{i+1}은 아직까지 알려져 있지 않으므로 이들의 근사값을 적용하여 다시 나타내면

$$y_{i+1} = y_i + \frac{h}{6}\left[f(x_i, y_i) + 4f\left(x_{i+1/2}, \bar{y}_{i+1/2}\right) + f\left(x_{i+1}, \bar{y}_{i+1}\right)\right] \tag{8.13}$$

$$\bar{y}_{i+1/2} = y_i + \frac{h}{2} f(x_i, y_i) \tag{8.14}$$

$$\bar{y}_{i+1} = y_i + hf(x_i, y_i) \text{ 또는 } \bar{y}_{i+1} = y_i + hf\left(x_{i+1/2}, \bar{y}_{i+1/2}\right)$$

또는 이 두 식의 선형적인 조합으로 나타내면:

$$\bar{y}_{i+1} = y_i + h\left[\beta f(x_i, y_i) + (1-\beta) f\left(x_{i+1/2}, \bar{y}_{i+1/2}\right)\right] \tag{8.15}$$

여기서 β는 아직 정해지지 않은 가중계수로서 적분 값의 정밀도에 관계한다.

식 (8.12) ~ (8.15)를 정리하면:

$$k_1 = hf\,(x_i, y_i)$$

$$k_2 = hf\left(x_{i+1/2}\,, y_i + \frac{k_1}{2}\right)$$

$$k_3 = hf\,(x_{i+1}\,, y_i + \beta k_1 + (1-\beta) k_2)$$

$$y_{i+1} = y_i + \frac{1}{6}(k_1 + 4k_2 + k_3) \tag{8.16}$$

식 (8.16)에서 최적의 β를 결정하기 위하여 다음의 상미분 방정식을 생각하자.

$$\frac{dy}{dx} = f(x, y) = y \tag{8.17}$$

y_i가 주어져 있다면 식 (8.17)의 y_{i+1}에 대한 정확해는

$$\int_{y_i}^{y_{i+1}} \frac{dy}{y} = \int_{x_i}^{x_{i+1}} dx$$

$$\ln\frac{y_{i+1}}{y_i} = x_{i+1} - x_i = h$$

$$y_{i+1} = e^h y_i \tag{8.18}$$

Taylor 급수를 도입하면

$$y_{i+1} = \left[1 + h + \frac{h^2}{2} + \frac{h^3}{6} + \ldots\right] y_i \tag{8.19}$$

식 (8.17)을 식 (8.16)에 적용하면

$$k_1 = hy_i$$

$$k_2 = h(1 + \frac{h}{2})y_i$$

$$k_3 = hf(x_{i+1}, y_i + \beta k_1 + (1-\beta)k_2)$$

$$k_3 = h\left[1 + \beta h + (1-\beta)h\left(1 + \frac{h}{2}\right)\right] y_i$$

$$y_{i+1} = \left[1 + h + \frac{h^2}{2} + \frac{1-\beta}{12}h^3\right] y_i \tag{8.20}$$

식 (8.20)의 오차가 최소가 되기 위한 조건은 식 (8.19)로부터 $\beta = -1$ 이다. 위에서 3계 Runge-Kutta법의 오차는 h^4에 비례함을 알 수 있다.

최종적으로 일반형으로 나타내면:

$$k_1 = hf(x_i, y_i)$$

$$k_2 = hf(x_i + \frac{h}{2}, y_i + \frac{k_1}{2})$$

$$k_3 = hf(x_i + h, y_i - k_1 + 2k_2)$$

$$y_{i+1} = y_i + \frac{1}{6}(k_1 + 4k_2 + k_3) \tag{8.21}$$

• 4계 Runge-Kutta 공식 ▸

4계 Runge-Kutta 공식은 가장 널리 이용되는 것으로서 Simpson의 1/3 공식, 또는 Simpson의 3/8 공식을 적용하여 3계 Runge-Kutta 법과 유사한 방법으로 유도될 수 있다. 4계 Runge-Kutta 법은 Talyor 급수 전개의 4차 항까지 포함하므로 오차는 h^5에 비례한다.

Simpson의 1/3 공식을 적용한 4계 Runge-Kutta 공식은 식 (8.22)와 같다.

$$\begin{aligned} k_1 &= hf(x_i, y_i) \\ k_2 &= hf(x_i + \frac{h}{2}, y_i + \frac{k_1}{2}) \\ k_3 &= hf(x_i + \frac{h}{2}, y_i + \frac{k_2}{2}) \\ k_4 &= hf(x_i + h, y_i + k_3) \\ y_{i+1} &= y_i + \frac{1}{6}(k_1 + 2k_2 + 2k_3 + k_4) \end{aligned} \tag{8.22}$$

Simpson의 3/8 공식을 적용한 4계 Runge-Kutta 공식은 식 (8.23)과 같다.

$$\begin{aligned} k_1 &= hf(x_i, y_i) \\ k_2 &= hf(x_i + \frac{h}{3}, y_i + \frac{k_1}{3}) \\ k_3 &= hf(x_i + \frac{2}{3}h, y_i + \frac{k_1}{3} + \frac{k_2}{3}) \\ k_4 &= hf(x_i + h, y_i + k_1 - k_2 + k_3) \\ y_{i+1} &= y_i + \frac{1}{8}(k_1 + 3k_2 + 3k_3 + k_4) \end{aligned} \tag{8.23}$$

2) 프로그램 순서

① 함수 정의 ▸ 식 (8.1)의 $f(x,y)$

② 등분 수 입력 ▸ n

③ 배열 선언 ▸ X(n+1,1), Y(n+1,1)
④ 경계치 입력 ▸ X(1), Y(1)
⑤ 구하고자하는 종속 변수의 값에 대응하는 독립 변수의 값 입력
▸ X(n+1)
⑥ 등분간격 계산 ▸ h = (X(n+1)-X(1))/n
⑦ 식 (8.22)에 의하여 종속 변수 Y 의 값을 순차적으로 계산

예제 8.3 ▸ [예제 8.2]의 문제를 4계 Runge-Kutta 법으로 하여 정확해에 대한 상대오차를 등분 수에 따라 평가하여라.

풀 이

주어진 미분방정식의 정확해를 먼저 구해보자.

$$\frac{dy}{dx} = yx^2 - y \qquad y(0) = 1$$

$$\frac{dy}{dx} = y(x^2 - 1)$$

변수분리하면

$$\frac{dy}{y} = (x^2 - 1)dx$$

양변을 각각 적분하면

$$\ln y = \frac{x^3}{3} - x + C$$

적분상수 C를 구하기 위하여 경계조건 $y(0) = 1$을 대입하면

$$\ln(1) = \frac{0^3}{3} - 0 + C$$

$$\therefore C = 0$$

최종적으로

$$y = e^{(x^3/3 - x)}$$

그러므로 $x = 2$에 대한 정확해는

$$y(2) = e^{(2^3/3-2)} = 1.94773404$$

다음 프로그램은 4계 Runge-Kutta 법을 적용하여 등분 수를 10, 20, 40, 80, 160 등으로 늘여감에 따라 상대오차를 평가하는 프로그램이다.

예제 8.3 4계 Runge-Kutta 프로그램

```
% === ex803.m: Runge-Kutta method ===================
  clear
% --- number of grid & array size -----
for k= 0: 4
  n= 10* 2^k;% Number of grid
X= zeros(n+1,1); Y= zeros(n+1,1);
% --- input initial values -------------
X(1)= 0;%input('\n Initial independent variable, Xi= ');
Y(1)= 1;%input(' Initial dependent variable, Yi= ');
% --- input final independent variable -----
X(n+1)=2;% input('\n Final independent variable, Xf= ');
% --- grid size, h ----------------------
h= (X(n+1)-X(1))/n;
% --- iterations for dependent variables ----
for i=1:n
   k1= h*fdydx(X(i),Y(i));
   k2= h*fdydx(X(i)+h/2,Y(i)+k1/2);
   k3= h*fdydx(X(i)+h/2,Y(i)+k2/2);
   k4= h*fdydx(X(i)+h,Y(i)+k3);
   Y(i+1)= Y(i) + (k1+2*k2+2*k3+k4)/6;
   X(i+1)= X(1) + i*h;
end
% --- exact solution & relative error -------
ye= exp(X(n+1)^3/3-X(n+1));
ngrid(k+1)=n; % number of grid
```

```
error(k+1)= abs((Y(n+1)-ye)/ye);
% --- output --------------------------
fprintf('\n Yf= %.6f , error= %.8f, n= %.0f \n', Y(n+1),  error(k+1), n);
end
plot(ngrid, error),...
   title('Relative error as a function of number of grid'),...
   xlabel('Number of grid'),...
   ylabel('Absolute relative error')
% === end of ex803.m =============================
```

예제 8.3 프로그램 실행결과

```
?ex803

 Yf= 1.947104 , error= 0.00032367, n= 10

 Yf= 1.947688 , error= 0.00002358, n= 20

 Yf= 1.947731 , error= 0.00000157, n= 40

 Yf= 1.947734 , error= 0.00000010, n= 80

 Yf= 1.947734 , error= 0.00000001, n= 160
?
```

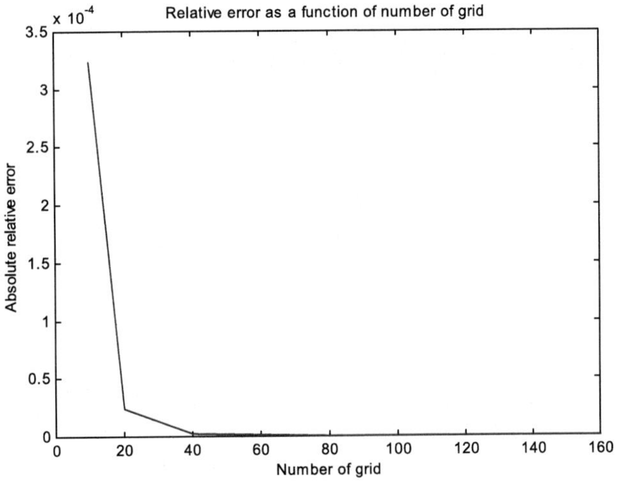

실행결과를 보면 등분 수가 80 개 이상이면 정확해와 거의 일치한다. 오일러 법으로써 동등한 정밀도를 얻기 위해서는 100만 이상의 등분 수와 반복계산이 필요하므로 Runge-Kutta 법이 매우 정밀하고 경제적인 계산 방법임을 알 수 있다.

8.3 차분 근사법에 의한 경계치 문제의 해석

1) 원리

상미분 방정식의 시작점과 종점에서 독립 변수와 종속 변수의 값이 알려져 있는 문제를 '경계치 문제'라고 한다. 경계치 문제를 해석한다는 것은 경계조건과 주어진 미분 방정식을 만족하는 중간점들의 해를 구하는 것을 의미한다. 초기치 문제의 해석에서는 반복계산에 의하여 중간점들의 값을 단계적으로 구하였지만 경계치 문제에서는 차분 근사법을 적용하고 연립방정식을 풀어서 중간점들의 값을 한꺼번에 구한다.

경계치 문제의 제2계 상미분 방정식의 일반형은 다음과 같다.

$$\frac{d^2u}{dx^2}+r(x)\frac{du}{dx}+s(x)u(x)=t(x) \tag{8.24}$$

경계조건: $u(x_1)=u_1,\ u(x_n)=u_n$

독립 변수 x의 등분간격을 h라고 하면 k번째 격자점에 대한 중앙차분식은:

$$\left(\frac{du}{dx}\right)_k=\frac{u_{k+1}-u_{k-1}}{2h} \tag{8.25}$$

$$\left(\frac{d^2u}{dx^2}\right)_k=\frac{u_{k+1}-2u_k+u_{k-1}}{h^2} \tag{8.26}$$

식 (8.25), (8.26)을 식 (8.24)에 대입하면

$$\frac{u_{k+1}-2u_k+u_{k-1}}{h^2}+r_k\frac{u_{k+1}-u_{k-1}}{2h}+s_ku_k=t_k \tag{8.27}$$

여기에서

$r_k = r(x_k),\ s_k = s(x_k),\ u_k = u(x_k), t_k = t(x_k)$를 의미한다.

식 (8.27)을 u에 대하여 정리하면

$$\left[1-\frac{h}{2}r_k\right]u_{k-1} + \left(h^2 s_k - 2\right)u_k + \left[1+\frac{h}{2}r_k\right]u_{k+1} = h^2 t_k \qquad (8.28)$$

$k = 2,3,4,\ldots,n-1$

$k=2$이면

$$\left[1-\frac{h}{2}r_2\right]u_1 + \left(h^2 s_2 - 2\right)u_2 + \left[1+\frac{h}{2}r_2\right]u_3 = h^2 t_2$$

u_1은 경계조건에 의하여 주어지는 값이므로 우변으로 이항하여 다시 쓰면

$$\left(h^2 s_2 - 2\right)u_2 + \left[1+\frac{h}{2}r_2\right]u_3 = h^2 t_2 - \left[1-\frac{h}{2}r_2\right]u_1 \qquad (8.28)\text{-}(1)$$

$k=3$이면

$$\left[1-\frac{h}{2}r_3\right]u_2 + \left(h^2 s_3 - 2\right)u_3 + \left[1+\frac{h}{2}r_3\right]u_4 = h^2 t_3 \qquad (8.28)\text{-}(2)$$

$$\cdots$$

$k=n-2$이면

$$\left[1-\frac{h}{2}r_{n-2}\right]u_{n-3} + \left(h^2 s_{n-2} - 2\right)u_{n-2} + \left[1+\frac{h}{2}r_{n-2}\right]u_{n-1} = h^2 t_{n-2} \qquad (8.28)\text{-}(n\text{-}3)$$

$k=n-1$이면

$$\left[1-\frac{h}{2}r_{n-1}\right]u_{n-2} + \left(h^2 s_{n-1} - 2\right)u_{n-1} + \left[1+\frac{h}{2}r_{n-1}\right]u_n = h^2 t_{n-1}$$

u_n은 경계조건에 의하여 주어지는 값이므로 우변으로 이항하여 다시 쓰면

$$\left[1-\frac{h}{2}r_{n-1}\right]u_{n-2}+\left(h^2 s_{n-1}-2\right)u_{n-1}=h^2 t_{n-1}-\left[1+\frac{h}{2}r_{n-1}\right]u_n$$

(8.28)-(n-2)

식 (8.28)-(1), ⋯ (8.28)-(n-2) 등에서 미지수는 $u_2, u_3, \ldots, u_{n-2}, u_{n-1}$ 등이고 방정식의 개수는 $(n-2)$ 개이므로 식 (8.28)은 $(n-2)$원 연립방정식이 된다. 이것을 행렬과 벡터로 표현하면:

$$A\ u = b \tag{8.29}$$

단,

$$A=\begin{bmatrix} h^2 s_2-2 & 1+\frac{h}{2}r_2 & 0 & 0 & 0 \\ 1-\frac{h}{2}r_3 & h^2 s_3-2 & 1+\frac{h}{2}r_3 & 0 & 0 \\ & & \cdots & & \\ 0 & 0 & 1-\frac{h}{2}r_{n-2} & h^2 s_{n-2}-2 & 1+\frac{h}{2}r_{n-2} \\ 0 & 0 & 0 & 1-\frac{h}{2}r_{n-1} & h^2 s_{n-1}-2 \end{bmatrix}$$

$$u=\begin{bmatrix} u_2 \\ u_3 \\ \cdots \\ u_{n-2} \\ u_{n-1} \end{bmatrix}, \qquad b=\begin{bmatrix} h^2 t_2-\left(1-\frac{h}{2}r_2\right)u_1 \\ h^2 t_3 \\ \cdots \\ h^2 t_{n-2} \\ h^2 t_{n-1}-\left(1+\frac{h}{2}r_{n-1}\right)u_n \end{bmatrix}$$

식(8.29)에 가우스 소거법, 역행렬법 등을 적용하여 u($u_2, u_3, \ldots, u_{n-2}, u_{n-1}$)를 구한다.

$$u = A^{-1}b \tag{8.30}$$

2) 프로그램 순서

① 함수 정의 ▸ 식 (8.24)의 $r(x), s(x), t(x)$

② 등분 수 입력 ▸ n

③ 배열 선언 ▸ R(n,1), S(n,1), T(n,1)

④ 경계치 입력 ▸ $(x_1, u_1), (x_n, u_n)$
⑤ 등분간격 계산 ▸ $h = (x_n - x_1)/n$
⑥ 계수행렬과 우변항 벡터 구성 ▸ A, b
⑦ 미지수 벡터 계산 ▸ $u = A^{-1}b$

예제 8.4 ▸ 한 쪽 끝의 온도가 200℃ 다른 쪽의 온도가 70℃로 유지되고 있는 길이 10cm의 얇은 평판이 공기 중에 [그림 8.2]와 같이 노출되어있다. 시간의 경과에 따른 온도 변화가 없다면 평판 내의 온도분포는 식 (8.31)과 같은 정상상태의 열전달방정식으로 표현된다. 차분근사법을 이용한 경계치 문제의 해법을 적용하여 길이에 따른 평판의 온도분포를 구하여라.

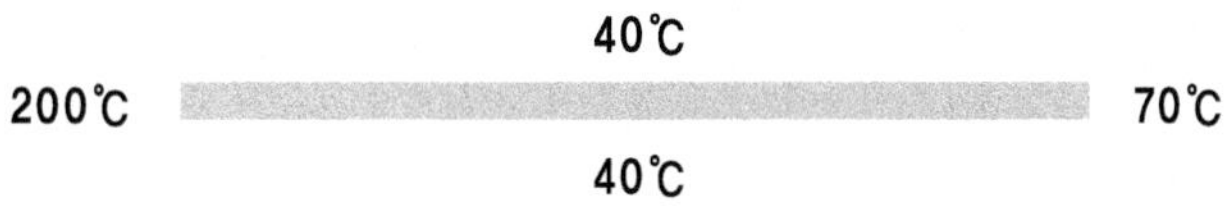

그림 8.2 평판 주위의 온도

$$\frac{d^2T}{dx^2} + Cr(T_{sr} - T) = 0 \tag{8.31}$$

여기서 T: 온도(℃), T_{sr}: 주위온도=40℃, x: 길이(cm), Cr: 방열손실계수 = $0.01cm^{-2}$

풀 이

식 (7.21)을 적용하여 식 (8.31)을 차분식으로 나타내면

$$\frac{T_{i+1} - 2T_i + T_{i-1}}{\Delta x^2} + Cr(T_{sr} - T_i) = 0 \tag{8.32}$$

온도를 알고자하는 영역을 n−1 등분하면

경계조건: $T_1 = 200$, $T_n = 70$

$$T_{i-1} - (2+\Delta x^2 C_r)T_i + T_{i+1} = -Cr\,\Delta x^2\,T_{sr},\ i = 2,3,\dots,n-1$$

$i=2$ 일때 $\quad -(2+\Delta x^2 C_r)T_2 + T_3 = -Cr\,\Delta x^2\,T_{sr} - T_1$

$i=3$ 일때 $\quad T_2 - (2+\Delta x^2 C_r)T_3 + T_4 = -Cr\,\Delta x^2\,T_{sr}$

…

$i=n-2$ 일때 $\quad T_{n-3} - (2+\Delta x^2 C_r)T_{n-2} + T_{n-1} = -Cr\,\Delta x^2\,T_{sr}$

$i=n-1$ 일때 $\quad T_{n-2} - (2+\Delta x^2 C_r)T_{n-1} = -Cr\,\Delta x^2\,T_{sr} - T_n$

$n=11$로 두면 $\Delta x = 1\text{cm},\ -(2+\Delta x^2 C_r) = -2.01,$

$$-Cr\,\Delta x^2 T_{sr} = -0.7,\ T_1 = 200,\ T_{11} = 70$$

이를 정리하면;

$$\begin{bmatrix} -2.01 & 1 & 0 & 0 & 0 & 0 & 0 & 0 & 0 \\ 1 & -2.01 & 1 & 0 & 0 & 0 & 0 & 0 & 0 \\ 0 & 1 & -2.01 & 1 & 0 & 0 & 0 & 0 & 0 \\ 0 & 0 & 1 & -2.01 & 1 & 0 & 0 & 0 & 0 \\ 0 & 0 & 0 & 1 & -2.01 & 1 & 0 & 0 & 0 \\ 0 & 0 & 0 & 0 & 1 & -2.01 & 1 & 0 & 0 \\ 0 & 0 & 0 & 0 & 0 & 1 & -2.01 & 1 & 0 \\ 0 & 0 & 0 & 0 & 0 & 0 & 1 & -2.01 & 1 \\ 0 & 0 & 0 & 0 & 0 & 0 & 0 & 1 & -2.01 \end{bmatrix} \times$$

$$\begin{bmatrix} T_2 \\ T_3 \\ T_4 \\ T_5 \\ T_6 \\ T_7 \\ T_8 \\ T_9 \\ T_{10} \end{bmatrix} = \begin{bmatrix} -200.7 \\ -0.7 \\ -0.7 \\ -0.7 \\ -0.7 \\ -0.7 \\ -0.7 \\ -0.7 \\ -70.7 \end{bmatrix}$$

상기 연립방정식을 풀면 다음과 같이 중간점들의 온도를 구할 수 있다.

$$\begin{bmatrix} T_2 \\ T_3 \\ T_4 \\ T_5 \\ T_6 \\ T_7 \\ T_8 \\ T_9 \\ T_{10} \end{bmatrix} = \begin{bmatrix} 182.3177 \\ 166.0586 \\ 151.0600 \\ 137.1721 \\ 124.2559 \\ 112.1822 \\ 100.8304 \\ 90.0869 \\ 79.8442 \end{bmatrix}$$

예제 8.4 경계치 문제 프로그램

```
% === ex804.m: Boundary value problem  ============
  clear
% --- number of grid & array size -----
n= input('\n Number of node= ');
T= zeros(n,1);
% --- input boundary values ------------
T(1)= input('\n One end temperature, T1= ');
T(n)= input(' The other end temperature, Tn= ');
% --- input data -----------------------
Cr= 0.01; % [cm^-2] radiative heat loss coefficient
Tsr= 40; % ['C] surrounding temperature
L= 10; % [cm] length of the plate
% --- grid size, dx ----------------------
dx= L/(n-1);
% --- coefficient matrix, A ----
cii= -(2 + dx^2 * Cr);
rhs= -Cr * dx^2 * Tsr;
A= zeros(n-2, n-2);
for i=1:n-2
  A(i,i)= cii;
end
for i=1:n-3
  A(i,i+1)= 1;
  A(i+1,i)= 1;
end
% --- right hand side vector ---------------
R= ones(n-2,1)*rhs;
R(1)= R(1)-T(1);
R(n-2)= R(n-2)-T(n);
% --- temperature at mid points -----------
T_temp= inv(A)*R;
% --- temperature mapping --------------
for i=2:n-1
  T(i)=T_temp(i-1);
end
% --- output ----------------------------
T
```

```
plot((0:n-1)*dx, T),...
   title('Temperature distribution'),...
   xlabel('Length (cm)'),...
   ylabel('Temperature (C)')
% === end of ex804.m ==============================
```

예제 8.4 프로그램 실행결과

```
?ex804
 Number of node= 11
 One end temperature, T1= 200
 The other end temperature, Tn= 70

T =
  200.0000
  182.3177
  166.0586
  151.0600
  137.1721
  124.2559
  112.1822
  100.8304
   90.0869
   79.8442
   70.0000
?
```

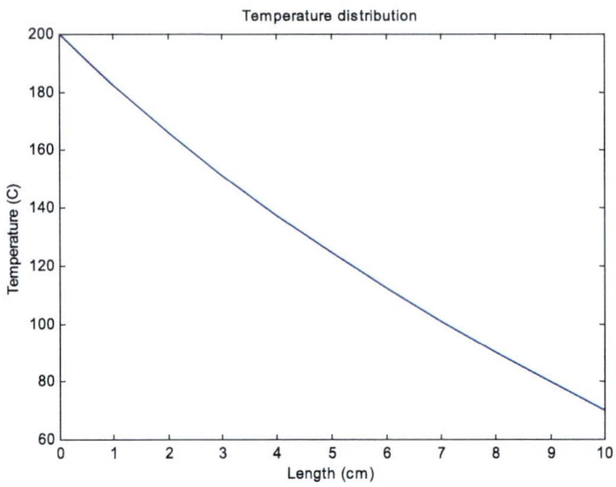

연습 문제

8.1 오일러 법에 의하여 다음 미분 방정식을 풀어서 $y(1)$의 값을 구하여라.

$$\frac{dy}{dx} = -\frac{y}{x+y^2}, \quad y(0) = 1$$

8.2 공중에서 자유 낙하하는 스카이다이버에 작용하는 힘은 중력과 공기에 의한 저항력이 있다. 중력과 저항력은 서로 반대방향으로 작용하므로 이들 힘과 속도 v [m/s]및 시간 t [s]의 관계는 Newton의 제2법칙을 적용하면 다음과 같은 미분 방정식으로 나타내어진다.

$$m\frac{dv}{dt} = mg - cv \qquad v(0) = 0$$

여기서, m은 질량 70kg, g는 중력가속도 9.8m/s^2, c는 항력계수 14kg/s이다.
등분 간격은 0.01로하고 오일러 법에 의하여 낙하 2초 후부터 3초 후까지의 속도를 구하여라.

8.3 구간 $[-0 \leqq x \leqq 3]$에서 다음 미분 방정식의 해를 구하여라. 등분 간격은 0.1로하고 4계 Runge-Kutta법을 적용하여라.

$$\frac{dy}{dx} = \frac{-1}{1+y^2}, \quad y(0) = 1$$

8.4 한 쪽 끝의 온도가 10℃ 다른 쪽의 온도가 150℃로 유지되고 있는 길이 5cm의 얇은 평판이 공기 중에 아래 그림과 같이 노출되어 있다.

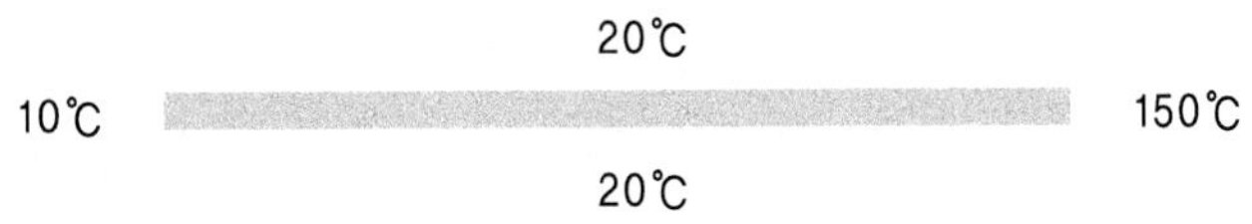

시간의 경과에 따른 온도 변화가 없다면 평판 내의 온도분포는 다음의 미분 방정식으로 표현된다. 차분 근사법을 이용한 경계치 문제의 해법을 적용하여 중앙 위치에서의 온도를 구하여라.

$$\frac{d^2T}{dx^2} + Cr(T_{sr} - T) = 0$$

단, T:온도(℃), T_{sr}:주위온도 = 20℃,x: 길이(cm),Cr: 방열손실계수^2 =0.01cm^{-2}

연습 문제 정답

1장

1.1

오차 = -0.2mm,　절대오차 = 0.2mm,　상대오차 = 0.4%

1.2

항의 수	1	2	3	4	5	6
cos(π /4)	1	0.69157486	0.70742920	0.70710321	0.70710680	0.70710678
근사값에 대한 상대 오차 [%]	-	44.5975055	2.2411209	0.0461024	0.0005078	0.0000034

1.4

항의 수	100	200	400	800	1600
급수의 합	1.6350	1.6399	1.6424	1.6437	1.6443
상대오차 [%]	0.6049	0.3032	0.1518	0.0759	0.0380

2장

2.1

x = -1.409600, 0.636736

2.2

x = 1, 2, 3, 4

2.3

x = 1.763222

2.4

x = 1, 2, 3, 4

3장

3.1

$$C=\begin{pmatrix} 16 & -13 & 20 \\ 27 & 27 & 30 \\ 21 & 36 & 45 \end{pmatrix} \quad D=\begin{pmatrix} 8 & -9 & 6 \\ 15 & 25 & 20 \\ 39 & 30 & 29 \end{pmatrix} \quad E=\begin{pmatrix} 216 & 135 & 261 \\ 243 & 125 & 288 \\ 195 & 441 & 254 \end{pmatrix}$$

3.2

x = 2, y = 3, z = 4

3.3

x = 1, y = 2, z = 3

3.4

$x_1 = 3,\ x_2 = 7,\ x_3 = 2$

3.5

가중계수	1.0	1.01	1.02	1.03	1.04	1.05	1.06	1.07	1.08
수렴 계산횟수	8	7	6	7	7	7	7	7	8

3.6

$$\text{계수행렬의 역행렬} = \begin{pmatrix} 0.75 & 0.50 & 0.25 \\ 0.50 & 1.00 & 0.50 \\ 0.25 & 0.50 & 0.75 \end{pmatrix}$$

$x_1 = 2.5,\ x_2 = 4\ ,\ x_3 = 3.5$

4장

4.1

15.037mmHg

4.2

$$y(x) = 3.887 + 0.3242(x-1.1) - 0.0321(x-1.1)(x-2.3) \\ -0.2015(x-1.1)(x-2.3)(x-3.9)$$

$$y(2.101) = 4.1457$$

4.3

$$y(x) = \frac{(x-205)(x-371)}{(94-205)(94-371)}929 + \frac{(x-94)(x-371)}{(205-94)(205-371)}902 \\ + \frac{(x-94)(x-205)}{(371-94)(371-205)}860$$

단, x: 온도, y: 밀도

251℃에서의 밀도 = 890.556kg/㎥

5장

5.1

$$y = 2.0449 + 0.3999x$$

5.2

a = 14.9927

b = 0.1355

5.3

a = 1.9217

b = 13.5759

c = -3.6741

d = 0.2338

5.4

a = 14.0625

b = 8.8650

c = -5.1750

6장

6.1

격자 수	8	25	100
정적분	0.292658	0.292869	0.292892
상대오차 [%]	0.0803	0.0082	0.0005

6.2

0.4055

6.3

2.2175

6.4

1.0986

7장

7.1

index, i	x	$\left(\frac{df}{dx}\right)_i$
1	−3.0	48.64
2	−2.8	46.36
3	−2.6	41.92
4	−2.4	37.72
5	−2.2	33.76
6	−2.0	30.04
7	−1.8	26.56
8	−1.6	23.32
9	−1.4	20.32
10	−1.2	17.56
11	−1.0	15.04
12	−0.8	12.76
13	−0.6	10.72
14	−0.4	8.92
15	−0.2	7.36
16	−0.0	6.04
17	0.2	4.96
18	0.4	4.12
19	0.6	3.52
20	0.8	3.16
21	1.0	3.04
22	1.2	3.16
23	1.4	3.52
24	1.6	4.12
25	1.8	4.96
26	2.0	5.44

7.2

index, i	x	$\left(\frac{d^2 f}{dx^2}\right)_i$
1	-3.0	-22.80
2	-2.8	-22.80
3	-2.6	-21.60
4	-2.4	-20.40
5	-2.2	-19.20
6	-2.0	-18.00
7	-1.8	-16.80
8	-1.6	-15.60
9	-1.4	-14.40
10	-1.2	-13.20
11	-1.0	-12.00
12	-0.8	-10.80
13	-0.6	-9.60
14	-0.4	-8.40
15	-0.2	-7.20
16	-0.0	-6.00
17	0.2	-4.80
18	0.4	-3.60
19	0.6	-2.40
20	0.8	-1.20
21	1.0	0.00
22	1.2	1.20
23	1.4	2.40
24	1.6	3.60
25	1.8	4.80
26	2.0	4.80

7.3

index, i (x)	index, j	y	$\left(\frac{\partial^2 f}{\partial y^2}\right)_{i,j}$
1 ~ 21 (−1 ~ 1)	1	0.0	−1.06
	2	0.1	−1.06
	3	0.2	−1.90
	4	0.3	−2.50
	5	0.4	−2.86
	6	0.5	−2.98
	7	0.6	−2.86
	8	0.7	−2.50
	9	0.8	−1.90
	10	0.9	−1.06
	11	1.0	0.02
	12	1.1	1.34
	13	1.2	2.90
	14	1.3	4.70
	15	1.4	6.74
	16	1.5	9.02
	17	1.6	11.54
	18	1.7	14.30
	19	1.8	17.30
	20	1.9	20.54
	21	2.0	20.54

8장

8.1

0.3222

8.2

t [s]	v [m/s]
2.00	16.1675
2.01	16.2331
2.02	16.2987
2.03	16.3641
2.04	16.4293
2.05	16.4945
2.06	16.5595
2.07	16.6244
2.08	16.6891
2.09	16.7538
2.10	16.8182
2.11	16.8826
2.12	16.9468
2.13	17.0109
2.14	17.0749
2.15	17.1388
2.16	17.2025
2.17	17.2661
2.18	17.3296
2.19	17.3929
2.20	17.4561
2.21	17.5192
2.22	17.5822
2.23	17.6450
2.24	17.7077
2.25	17.7703
2.26	17.8328
2.27	17.8951
2.28	17.9573
2.29	18.0194
2.30	18.0813
2.31	18.1432
2.32	18.2049
2.33	18.2665
2.34	18.3280
2.35	18.3893
2.36	18.4505
2.37	18.5116
2.38	18.5726
2.39	18.6335
2.40	18.6942
2.41	18.7548
2.42	18.8153
2.43	18.8757
2.44	18.9359
2.45	18.9960
2.46	19.0560
2.47	19.1159
2.48	19.1757
2.49	19.2353
2.50	19.2949

t [s]	v [m/s]
2.51	19.3543
2.52	19.4136
2.53	19.4727
2.54	19.5318
2.55	19.5907
2.56	19.6496
2.57	19.7083
2.58	19.7668
2.59	19.8253
2.60	19.8837
2.61	19.9419
2.62	20.0000
2.63	20.0580
2.64	20.1159
2.65	20.1737
2.66	20.2313
2.67	20.2888
2.68	20.3463
2.69	20.4036
2.70	20.4608
2.71	20.5179
2.72	20.5748
2.73	20.6317
2.74	20.6884
2.75	20.7450
2.76	20.8015
2.77	20.8579
2.78	20.9142
2.79	20.9704
2.80	21.0264
2.81	21.0824
2.82	21.1382
2.83	21.1940
2.84	21.2496
2.85	21.3051
2.86	21.3605
2.87	21.4157
2.88	21.4709
2.89	21.5260
2.90	21.5809
2.91	21.6357
2.92	21.6905
2.93	21.7451
2.94	21.7996
2.95	21.8540
2.96	21.9083
2.97	21.9625
2.98	22.0166
2.99	22.0705
3.00	22.1244

8.3

x	y
0	1.0000
0.1	0.9487
0.2	0.8946
0.3	0.8375
0.4	0.7770
0.5	0.7127
0.6	0.6442
0.7	0.5712
0.8	0.4933
0.9	0.4103
1.0	0.3222
1.1	0.2293
1.2	0.1326
1.3	0.0333
1.4	−0.0666
1.5	−0.1652
1.6	−0.2608
1.7	−0.3521
1.8	−0.4386
1.9	−0.5198
2.0	−0.5961
2.1	−0.6675
2.2	−0.7346
2.3	−0.7976
2.4	−0.8569
2.5	−0.9130
2.6	−0.9661
2.7	−1.0165
2.8	−1.0645
2.9	−1.1104
3.0	−1.1542

8.4

78.17℃

참고 도서

1. Chapra, S. C. and Canale, R. P., Numerical Methods for Engineers, McGRAW-HILL

2. Hoffmann, K. A. and Chiang, S. T., Computational Fluid Dynamics, Engineering Education System

3. Etter, D. M., Engineering Problem Solving with MATLAB, Prentice Hall

4. 홍준표, C 및 FORTRAN에 의한 컴퓨터 수치해석, 문운당

5. 김민찬, 윤도영, MATLAB을 이용한 수치해석 및 그래픽, 아진출판사

저자 약력

2000. 8　　　　부산대학교 공학박사

2005. 9 ~ 현재　　부산대학교 기계공학부 겸임교수

E-mail : kooyp@onestx.com

정가 15,000원

Matlab을 이용한 Easy 수치해석(개정판)

2005년 8월 25일 초 판 발행
2007년 1월 22일 수정판 발행
2009년 2월 26일 개정판 발행
저 자 : 구영필
발행자 : 우명찬 · 송 준
발행처 : **홍릉과학출판사**
주 소 : 서울시 강북구 인수동 455-60
142-885
등 록 : 1976년 10월 21일 제5-66호
전 화 : 999-2274~5, 996-8341, 903-7037
팩 스 : 905-6729
e-mail : hongpub@hongpub.co.kr
http://www.hongpub.co.kr